U0236730

3.2.1 课堂案例: 制作卡通插画

- 教学视频 课堂案例: 制作卡通插画 .mp4
- 学习目标 掌握图层属性设置方法

3.3.1 课堂案例: 制作运动的摩托车

- 教学视频 课堂案例: 制作运动的摩托车 .mp4
- 学习目标 掌握图层的基本操作

3.5 课后习题: 制作文字动画

- 教学视频 课后习题: 制作文字动画 .mp4
- 学习目标 掌握图层的属性设置和基本操作

4.2.1 课堂案例: 制作图片过渡动画

- 教学视频 课堂案例: 制作图片过渡动画 .mp4
- 学习目标 掌握图表编辑器的编辑方法

4.4 课堂练习: 制作动态水墨画

- 教学视频 课堂练习: 制作动态水墨画 .mp4
- 学习目标 掌握关键帧动画的制作方法

精彩案例展示

7.1.1 **课堂案例: 文字排版**

- 教学视频 课堂案例: 文字排版 .mp4
- 学习目标 掌握文本的创建方法、文本的排列方法

/ 102页

7.2.1 **课堂案例: 制作动态标题动画**

- 教学视频 课堂案例: 制作动态标题动画 .mp4
- 学习目标 掌握文字动画的制作用法

/ 107页

7.2.2 **课堂案例: 制作3D文字翻转动画**

- 教学视频 课堂案例: 制作 3D 文字翻转动画 .mp4
- 学习目标 掌握动画制作工具的用法

/ 110页

7.3.1 **课堂练习: 制作字幕条动画**

- 教学视频 课堂练习: 制作字幕条动画 .mp4
- 学习目标 练习简单的文字动画制作方法

/ 119页

8.1.1 **课堂案例: 制作电影色调视频**

- 教学视频 课堂案例: 制作电影色调视频 .mp4
- 学习目标 掌握调色类滤镜的使用方法

/ 122页

8.3.1 **课堂练习: 制作冷色调视频**

- 教学视频 课堂练习: 制作冷色调视频 .mp4
- 学习目标 掌握调色类滤镜的使用方法

/ 144页

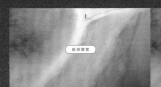

中文版
After Effects 2022
视频制作基础培训教程

任媛媛 编著

人民邮电出版社
北京

图书在版编目（CIP）数据

中文版After Effects 2022视频制作基础培训教程 /
任媛媛编著. -- 北京 : 人民邮电出版社，2023.10
ISBN 978-7-115-62231-0

Ⅰ．①中… Ⅱ．①任… Ⅲ．①图像处理软件－教材
Ⅳ．①TP391.413

中国国家版本馆CIP数据核字(2023)第184781号

内 容 提 要

　　本书全面介绍了 After Effects 2022 的基本功能及实际运用方法，包括 After Effects 的工作流程、图层、动画、蒙版与轨道遮罩、绘画与形状、文字、常用滤镜和键控技术。本书完全针对零基础的读者编写，是入门级读者快速而全面掌握 After Effects 2022 的应备参考书。

　　全书以各种重要技术为主线，设置了丰富的课堂案例，可帮助读者快速上手，熟悉软件功能和制作思路。课堂练习和课后习题可以拓展读者的实际操作能力。商业案例都是实际工作中经常会遇到的案例项目，读者经过练习，既可达到强化训练的目的，又可以了解实际工作中会遇到的问题和处理方法。本书所有内容均基于 After Effects 2022 进行编写，读者最好使用此版本进行学习。

　　本书适合作为院校艺术类专业和培训机构相关课程的教材，也可以作为自学人员的参考用书。

◆ 编　　著　任媛媛
　　责任编辑　杨　璐
　　责任印制　马振武
◆ 人民邮电出版社出版发行　　北京市丰台区成寿寺路 11 号
　　邮编　100164　电子邮件　315@ptpress.com.cn
　　网址　https://www.ptpress.com.cn
　　北京市艺辉印刷有限公司印刷
◆ 开本：775×1092　1/16
　　印张：12.25　　　　　　　　2023 年 10 月第 1 版
　　字数：376 千字　　　　　　　2023 年 10 月北京第 1 次印刷

定价：49.90 元

读者服务热线：(010)81055410　印装质量热线：(010)81055316
反盗版热线：(010)81055315
广告经营许可证：京东市监广登字 20170147 号

前　言

　　After Effects 2022是Adobe公司推出的一款专业且功能强大的视频处理软件，在设计和视频特效制作的机构（包括电视台、动画制作公司、个人后期制作工作室及多媒体工作室）中得到广泛应用，完成后期处理的相关工作。

　　为了给读者提供一本好的After Effects教材，我们精心编写了本书，并对图书的内容和结构做了优化，按照"课堂案例→软件功能解析→课堂练习→课后习题"这一顺序进行编排，力求通过课堂案例演练使学生快速熟悉软件功能与制作思路，通过软件功能解析使学生深入学习软件功能和制作特色，通过课堂练习和课后习题提升学生的实际操作能力。在内容编写方面，我们力求细致全面，突出重点；在文字叙述方面，注意通俗易懂，言简意赅；在案例选取方面，强调案例的针对性和实用性。

　　本书配套学习资源中包含本书所有案例的素材文件和源文件，同时，为了方便学生学习，本书还配备了所有案例的高清有声教学视频。这些视频是我们请专业人士录制的，详细记录了每一个操作步骤，让学生一看就懂。另外，为了方便教师教学，本书还配备了PPT课件等丰富的教学资源，任课老师可直接拿来使用。

　　本书参考学时为32，其中教师讲授环节为20学时，学生实训环节为12学时，各章的参考学时如下表所示。

章	内容	学时分配	
		讲授	实训
第1章	初识After Effects 2022	1	0
第2章	After Effects的工作流程	1	0
第3章	图层操作	2	1
第4章	动画操作	2	1
第5章	蒙版与轨道遮罩	2	2
第6章	绘画与形状	2	2
第7章	文字动画	2	1
第8章	常用滤镜	2	1
第9章	键控技术	2	2
第10章	商业综合实训	4	2
学时总计		20	12

　　由于编者水平有限，书中难免出现疏漏和不足之处，还请广大读者包涵并指正。

编者

2023年5月

资源与支持

本书由"数艺设"出品，"数艺设"社区平台（www.shuyishe.com）为您提供后续服务。

配套资源

素材文件：课堂案例、课堂练习、课后习题、商业案例的制作素材。

实例文件：课堂案例、课堂练习、课后习题、商业案例的完成文件。

教学视频：可在线观看的案例教学视频。

PPT：提供给老师教学使用。

教学大纲：提供给老师教学使用。

资源获取请扫码

（提示：微信扫描二维码关注公众号后，输入51页左下角的5位数字，获得资源获取帮助。）

"数艺设"社区平台，为艺术设计从业者提供专业的教育产品。

与我们联系

我们的联系邮箱是 szys@ptpress.com.cn。如果您对本书有任何疑问或建议，请您发邮件给我们，并请在邮件标题中注明本书书名及ISBN，以便我们更高效地做出反馈。

如果您有兴趣出版图书、录制教学课程，或者参与技术审校等工作，可以发邮件给我们。如果学校、培训机构或企业想批量购买本书或"数艺设"出版的其他图书，也可以发邮件联系我们。

关于"数艺设"

人民邮电出版社有限公司旗下品牌"数艺设"，专注于专业艺术设计类图书出版，为艺术设计从业者提供专业的图书、视频电子书、课程等教育产品。出版领域涉及平面、三维、影视、摄影与后期等数字艺术门类，字体设计、品牌设计、色彩设计等设计理论与应用门类，UI设计、电商设计、新媒体设计、游戏设计、交互设计、原型设计等互联网设计门类，环艺设计手绘、插画设计手绘、工业设计手绘等设计手绘门类。更多服务请访问"数艺设"社区平台www.shuyishe.com。我们将提供及时、准确、专业的学习服务。

目 录

第1章

初识After Effects 2022

　　After Effects是一款功能强大且使用复杂的图形、视频处理软件。通过本章的学习，读者能对该软件有一个简单的认识，为后续章节的学习打下基础。

课堂学习目标

- 了解After Effects 2022的功能、特点和应用
- 了解After Effects 2022的操作界面
- 了解After Effects 2022的功能面板

1.1 关于After Effects

After Effects是一款Adobe公司出品的专业且实用的图形、视频处理软件，在设计和视频特效制作的机构（包括电视台、动画制作公司、个人后期制作工作室以及多媒体工作室）中得到了广泛应用。随着Adobe公司对After Effects功能的不断研发，After Effects已经升级到2022版本，图1-1所示是After Effects 2022的启动界面。

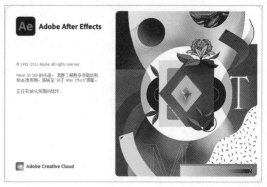

图1-1

1.1.1 After Effects的应用领域

After Effects作为一款视频后期处理软件，很多需要动态效果的领域都可以看到它的影子。下面简单介绍一下目前比较主流的应用领域。

1.MG动画

MG的全称是Motion Graphic，翻译成中文就是"运动图形"。MG动画是这几年兴起的，但其实它在几十年前就已经存在了。早期的MG动画被运用在电影的片头或者片尾，当时的制片方嫌弃一些字幕太僵硬，就把这些字幕制作成"飞来飞去"的动画。

不一定非得是After Effects或者Cinema 4D制作的才叫MG动画，它可能就是一个动态GIF、动态PPT，或者是一个节目开场。After Effects可以应用于MG动画领域，而且是比较主流的软件。图1-2所示的是MG动画效果。

图1-2

2.UI动效

UI是User Interface的缩写，也就是用户界面。UI将系统内部的信息转换为用户能够理解的内容，同时也承担着系统和用户之间进行交互和信息交换的任务。

UI动效会基于用户行为提供智能的反馈，并展示系统的组织架构和功能。UI动效可以在系统内部的信息与用户之间建立联系，引导用户在界面中的视觉焦点，提示用户完成操作后产生的结果，从而有效地指导用户了解元素间的等级和空间关系，同时忽略系统内部正在处理的过程。图1-3所示的是一个UI按钮的动效过程。

图1-3

3.特效合成

特效合成涉及的范围比较广,凡是与视频内容二次效果制作相关的,都属于这个领域,例如综艺节目的表情包、栏目包装的动画效果、电影中的各种特效、广告宣传片等,都属于特效合成,这也是After Effects的核心技术。图1-4所示的就是用特效合成技术制作的广告。

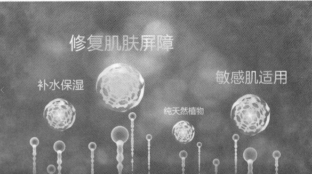

图1-4

1.1.2 After Effects与Premiere Pro的区别

After Effects和Premiere Pro这两款软件经常被用来作比较,甚至有读者分不清两者的应用区别。这里简单说明一下,前者属于视频特效辅助软件,主要用于制作视频效果;后者属于视频剪辑软件,主要用于剪辑视频片段。

1.2 After Effects 2022的操作界面

本节将介绍After Effects 2022的操作界面,以及启动软件、调整面板位置和面板大小的相关方法。

1.2.1 启动After Effects 2022

在计算机上安装软件后,在桌面上双击After Effects 2022的快捷方式图标,就可以打开软件界面,如图1-5所示。

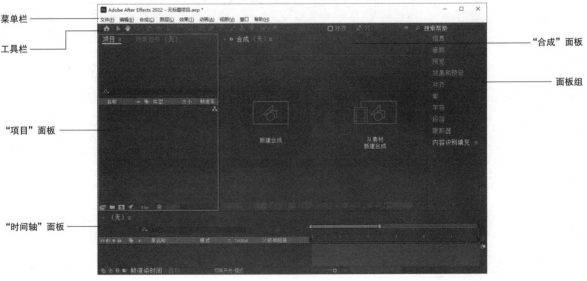

图1-5

重要参数解析

标题栏：主要用于显示软件版本、软件名称和项目名称等。

菜单栏：包含"文件""编辑""合成""图层""效果""动画""视图""窗口""帮助"9个菜单。

工具栏：主要集成了选择、缩放、旋转、文字和钢笔等常用工具，其使用频率非常高。

"项目"面板：主要用于管理素材和合成，是After Effects 2022的重要面板之一。

"合成"面板：主要用于查看和编辑素材。

"时间轴"面板：是控制图层效果或运动的平台，是After Effects 2022的核心部分。

面板组：这一部分的面板看起来比较杂一些，主要是"信息""音频""预览""特效与预设"面板等多种面板的集合，也可以通过在"窗口"菜单中选择相应的命令来添加新的面板到此处。

提示 启动After Effects后，会弹出"主页"界面，如图1-6所示。在界面中可以创建新的项目，或打开已有的项目，并且显示了最近使用的项目。

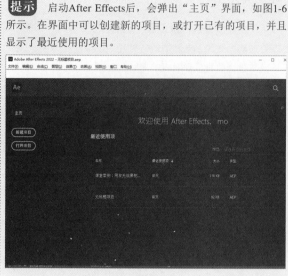

图1-6

单击右上角的"关闭"按钮 ，就可以关闭该界面，显示软件的工作界面。

1.2.2 面板位置

工作界面中有很多面板，将鼠标指针移动到单个面板上，然后按住鼠标左键拖曳，将单个面板拖曳到其他面板中，会出现一个分段区域，如图1-7所示。

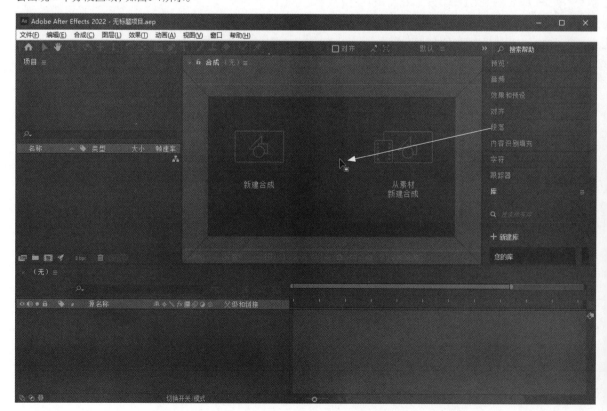

图1-7

以"段落"面板为例，将其拖曳到"合成"面板中，此时的"合成"面板会显示出分段区域，一共有6个区域，如图1-8所示。下面依次说明。

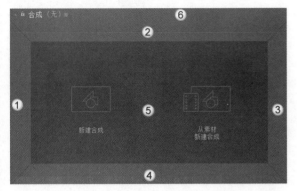

图1-8

将"段落"面板拖曳到区域①，如图1-9所示。此时，"段落"面板会置于"合成"面板左侧，且与"合成"面板相互独立，相当于从"合成"面板原有的区域内分出了一块区域给"段落"面板，如图1-10所示。

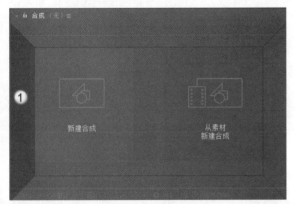

图1-9

图1-10

将"段落"面板拖曳到区域②，如图1-11所示。此时，"段落"面板会置于"合成"面板上部，且与"合成"面板相互独立，相当于从"合成"面板原有的区域内分出了一块区域给"段落"面板，如图1-12所示。

图1-11

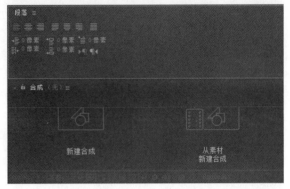

图1-12

将"段落"面板拖曳到区域③，如图1-13所示。此时，"段落"面板会置于"合成"面板右侧，且与"合成"面板相互独立，相当于从"合成"面板原有的区域内分出了一块区域给"段落"面板，如图1-14所示。

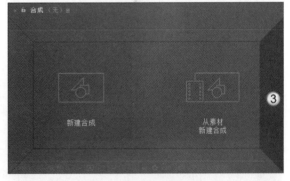

图1-13

图1-14

将"段落"面板拖曳到区域④,如图1-15所示。此时,"段落"面板会置于"合成"面板下方,且与"合成"面板相互独立,相当于从"合成"面板原有的区域内分出了一块区域给"段落"面板,如图1-16所示。

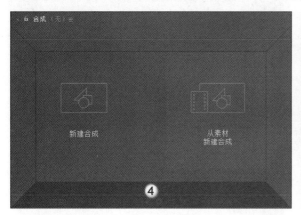

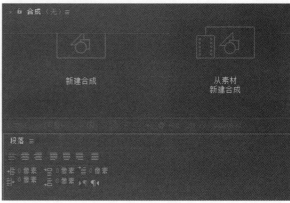

图1-15

图1-16

区域⑤和区域⑥的功能都是将拖曳的面板与当前面板合并在一个面板组中,并通过单击面板名称切换选项卡。区别在于,将"段落"面板拖曳到区域⑤后,"段落"面板的选项卡在后面,如图1-17和图1-18所示。

图1-17

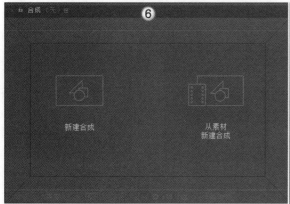

图1-18

1.2.3 浮动面板

After Effects的面板还可以悬浮出来,独立于工作界面。在需要悬浮的面板上单击鼠标右键,在弹出的菜单中选择"浮动面板"命令,如图1-19所示。此时,面板就会悬浮,独立于工作界面,如图1-20所示。另外,直接将面板拖曳到工作界面以外,也可让面板悬浮。

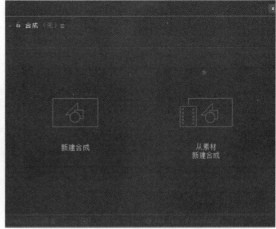

图1-19 图1-20

提示 如果要还原面板位置，可以用前面介绍的面板位置调整方法来拖曳面板。注意，在拖曳面板时，要将鼠标指针移动到面板的名称上。

1.2.4 面板大小

After Effects中的面板都是可以调整大小的，以便在操作时能够根据面板内容随机应变。将鼠标指针移动到两个面板之间的分界线上，如图1-21所示。这个时候按住鼠标左键，然后向左或向右拖曳鼠标，即可调整面板的大小，如图1-22所示。

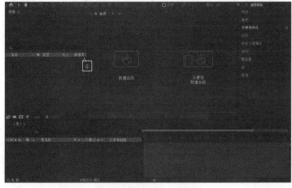

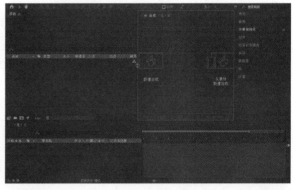

图1-21 图1-22

同理，对于上下两个面板，读者可以用相同的方法来进行上下方向的大小调整。另外，如果不想改变面板的结构和大小，可以单独最大化显示面板，例如选择"合成"面板，按`键或在该面板的标题栏上双击，"合成"面板就会最大化显示，如图1-23所示。

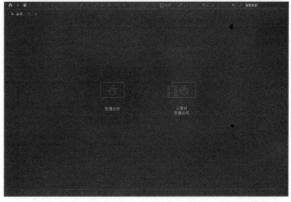

提示 再次按`键或在面板的标题栏上双击，即可退出面板的最大化显示状态。

图1-23

1.3 After Effects 2022的常用面板

本节将介绍After Effects 2022的核心功能面板，包括"项目"面板、"合成"面板和"时间轴"面板，还会介绍工具栏。

1.3.1 "项目"面板

"项目"面板主要用于管理素材与"合成"面板。在"项目"面板中可以查看每个合成或素材的尺寸、持续时间和帧速率等相关信息，如图1-24所示。

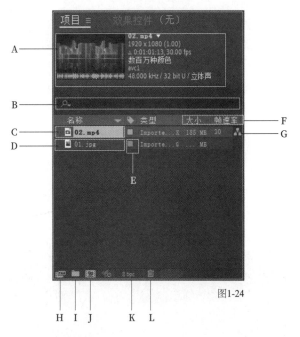

图1-24

重要参数讲解

A：查看被选择的素材的信息，包括素材的分辨率、时间长度、帧速率和格式等。

B：搜索需要的素材或合成。当文件数量庞大，项目中的素材比较多，难以查找的时候，这个功能非常有用。

C：预览选择的文件的第1帧画面，如果选择的文件是视频，双击素材就可以预览整个视频。

D：被导入的文件称作素材，可以是视频、图片、序列和音频等。

E：可以利用标签选择颜色，从而区分各类素材。单击色块可以改变颜色，也可以通过执行"编辑>选项>标签"菜单命令自行设置颜色。

F：查看有关素材的详细内容（包括素材的大小、帧速率、入点与出点和路径信息等），只要把"项目"面板的边界向一侧拖曳即可查看，如图1-25所示。

图1-25

G：单击"项目流程图"按钮，可以查看项目的素材文件层级关系，如图1-26所示。

图1-26

H：单击"解释素材"按钮，可以直接调出设置素材属性的对话框。可以设置素材的通道处理、帧速率、开始时间码、场和像素比等，如图1-27所示。

图1-27

I：单击"新建文件夹"按钮■可以建立新的文件夹，这样的好处是便于有序地管理各类素材，这对刚入门的设计师来说比较重要，建议在一开始就养成好习惯。

J：单击"新建合成"按钮■可以建立新的合成，与执行"合成>新建合成"菜单命令的作用一样。

K：按住Alt键并单击，可以在8bpc、16bpc和32bpc这几个颜色深度中切换。

L：在删除素材或者文件夹的时候使用。选择要删除的对象，然后单击"删除"按钮■，或者将选定的对象拖曳到"删除"按钮■上即可。

1.3.2 "合成"面板

在"合成"面板中能够直观地观察要处理的素材文件，同时"合成"面板并不只是一个显示效果的窗口，还可以在其中对素材直接进行处理，而且After Effects中的绝大部分操作都要依赖该面板来完成。可以说，"合成"面板在After Effects中是不可缺少的部分，如图1-28所示。

A B

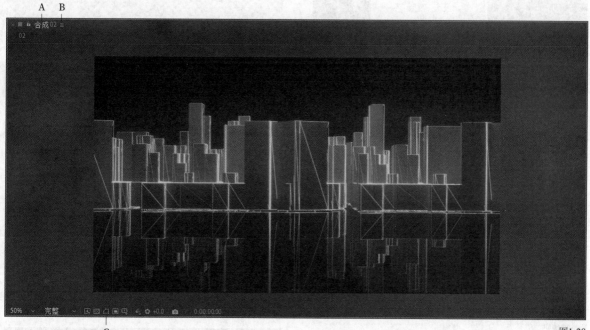

C

图1-28

重要参数讲解

A：显示当前正在进行操作的合成的名称。

B：单击■按钮可以打开图1-29所示的菜单，其中包含一些设置"合成"面板的命令，如关闭面板、浮动面板等。"视图选项"命令可以设置是否显示"合成"面板中图层的"手柄"和"蒙版"等，如图1-30所示。

C：显示当前合成工作进行的状态，即画面合成的效果、遮罩显示和安全框等所有相关的内容。

图1-29

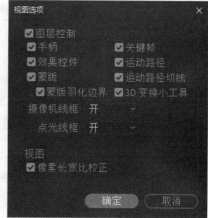

图1-30

显示比例 `100%`：设置从预览窗口看到的图像的显示大小，如图1-31所示，直接选择需要的数值即可。

分辨率/向下采样系数 `完整`：该下拉列表中包括6个选项，用于选择不同的分辨率，如图1-32所示。该分辨率只用于预览窗口中图像的显示质量，不会影响图像最终输出的画面质量。

图1-31　　　　　　　图1-32

> » **自动**：根据预览窗口的大小自动适配图像的分辨率。

> » **完整**：显示最好状态的图像，这种方式的预览时间相对较长，在计算机内存比较小的时候，有可能会无法预览全部内容。

> » **二分之一**：显示的是整体分辨率拥有的像素的1/4。在工作的时候，一般都会选择"二分之一"选项，而需要修改细节部分的时候，再使用"完整"选项。

> » **三分之一**：显示的是整体分辨率拥有的像素的1/9，渲染时间会比设定为整体分辨率时快9倍。

> » **四分之一**：显示的是整体分辨率拥有的像素的1/16。

> » **自定义**：自定义分辨率，可以直接设定纵横的分辨率。

提示　分辨率的选择最好能够根据工作效率来决定，这样会对制作过程中的快速预览有很大的帮助。因此，与将分辨率设定为"完整"相比，设定为"二分之一"会在图像质量显示没有太大损失的情况下加快制作速度。

快速预览：这个功能用来设置预览素材的速度，其下拉菜单如图1-33所示。

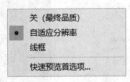

图1-33

切换透明网格：这个功能可以将预览窗口的背景从黑色转换为透明（前提是图像带有Alpha通道），如图1-34所示。

图1-34

切换蒙版和形状路径可见性：用于确定是否显示蒙版。在使用"钢笔工具"、"矩形工具"或"椭圆工具"绘制蒙版的时候，使用这个按钮可以确定是否在预览窗口中显示蒙版，如图1-35所示。

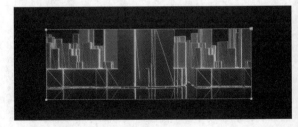

图1-35

目标区域：在预览窗口中只查看制作内容的某一个部分的时候，可以使用这个功能。另外，在计算机配置较低、预览时间过长的时候，使用这个功能也可以达到不错的效果。使用方法是单击按钮，然后在预览窗口中拖曳鼠标，绘制出一个矩形区域就可以了。绘作好区域以后，就可以只对该区域进行预览了。再次单击该按钮，就会恢复成显示整个区域，如图1-36所示。

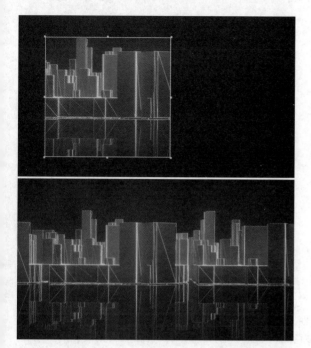

图1-36

选择网格和参考线选项⊡：包括"标题/动作安全""对称网格""网格""参考线""标尺""3D参考轴"6个选项，如图1-37所示。

图1-37

> **提示** "标题/动作安全"的主要目的是表明显示在TV监视器上的工作安全区域。安全框由内线框（标注为白色）和外线框（标注为黑色）两部分构成，如图1-38所示。

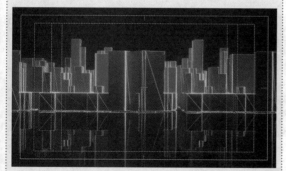

图1-38

内线框是标题安全框，也就是在画面上输入文字的时候不能超出这个线框。如果超出了这个部分，从电视上观看的时候文字就会被裁切掉。

外线框是操作安全框，运动的对象或者图像等所有的内容都必须显示在该线框的内部。如果超出了这个部分，就不会显示在电视的画面上。

显示通道及色彩管理设置 ▪️：这里显示的是有关通道的内容，当前通道是RGB，按照"红色""绿色""蓝色"、Alpha的顺序依次显示，如图1-39所示。Alpha通道的特点是不具有颜色属性，只具有与选区有关的信息。因此，Alpha通道的颜色与"灰阶"是统一的，Alpha通道的基本背景是黑色，而白色的部分表示选区。另外，灰色系列的颜色会显示成半透明状态。在图层中可以提取这些信息并加以使用，或者应用在选区的编辑工作中。

图1-39

重置曝光 ◎：该功能主要是使用HDR影片和曝光控制，设计师可以在预览窗口中轻松调节图像的显示，而曝光控制并不会影响到最终的渲染。其中，◎用来恢复初始曝光值，+0.0用来设置曝光值的大小。

拍摄快照 ◎：快照的作用是把当前正在制作的画面，也就是预览窗口的图像画面拍摄成照片。拍摄的静态画面可以保存在内存中，以便以后使用。在进行这个操作的时候，也可以按快捷键Shift+F5，如果想要多保存几张快照，只要按顺序按快捷键Shift+F5、Shift+F6、Shift+F7、Shift+F8就可以了。

显示快照 ◎：在保存了快照后会被激活。它显示的是保存为快照的最后一个文件。当依次按快捷键Shift+F5、Shift+F6、Shift+F7、Shift+F8，保存好几张快照以后，只要按顺序按F5键、F6键、F7键、F8键，就可以按照保存顺序查看快照了。

> **提示** 因为快照要占据计算机的内存，所以在不使用的时候，最好删除它们。删除的方法是执行"编辑>清理>快照"菜单命令，如图1-40所示。另外，按快捷键Ctrl+Shift+F5、Ctrl+Shift+F6、Ctrl+Shift+F7和Ctrl+Shift+F8也可以进行清除。
>
> "清理"命令可以在运行程序的时候删除保存在内存中的内容，包括可以删除"所有内存与磁盘缓存""所有内存""撤销""图像缓存内容""快照"保存的内容。

图1-40

预览时间 0:00:00:00：显示当前时间指针所在位置的时间。单击这个按钮，可以打开"转到时间"对话框，输入一个时间段，时间指针就会跳转到输入的时间段上，如图1-41所示。

图1-41

提示　0:00:00:00依次表示时、分、秒和帧，这里说明一下输入方式。

After Effects在判定输入的时间码时，是从低位往高位判定的，且每一个时间单位会选择两位数，当位数不足时，高位数默认为0。例如，输入3549，那么After Effects会自动从低位开始以两位数取值，即取49为帧，取35为秒，而没有数字给时和分，那么默认为0，这个时候时间码会识别为0:00:35:49。

注意，在输入值的时候一定要注意单位换算，即进制，例如时、分、秒的进制为60，对话框中的"基础"为50时，就表示帧进位为秒的进制为50，也就是说如果我们输入了3552，即第35秒52帧的位置，时间码不会跳转为0:00:35:52，而会进位运算，即满50进1，余2，加上高位没有数字用0补位，所以帧的数值为02，秒为35+1，即36，也就是说这时的时间码为0:00:36:02。

1.3.3　"时间轴"面板

将"项目"面板中的素材拖曳到时间轴上并确定好时间点后，位于"时间轴"面板上的素材将会以图层的方式存在并显示。此时每个图层都有属于自己的时间和空间，而"时间轴"面板就是控制图层的效果或运动的平台，它是After Effects软件的核心部分。本节将对"时间轴"面板的各个重要功能和按钮进行详细讲解。标准状态下的"时间轴"面板如图1-42所示。

图1-42

"时间轴"面板的功能较其他面板来说相对复杂一些，下面就来进行详细介绍。

1.功能区域1

图1-43所示的区域是"功能区域1"，会显示合成的名称、当前时间和一些控制器。

图1-43

重要参数讲解

A： 显示当前合成项目的名称。

B： 当前合成中时间指示器所处的时间位置及该项目的帧速率。按住Ctrl键的同时单击该区域，可以改变时间显示的方式，如图1-44所示。

图1-44

层查找栏 ：利用该功能可以快速查找到指定的图层。

合成微型流程图 ：单击该按钮可以快速查看合成与图层之间的嵌套关系，也可以快速在嵌套合成间切换，如图1-45所示。

图1-45

消隐开关 ：用来隐藏指定的图层。当项目的图层特别多的时候，该功能的作用尤为明显。选择需要隐藏的图层，单击图层上的 按钮，这时并没有任何变化，如图1-46所示。然后再单击 按钮，图层就被隐藏了，如图1-47所示。再次单击 按钮，刚才隐藏的层会重新显示出来。

图1-46

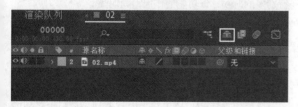

图1-47

帧混合开关 ：在渲染的时候，该功能可以对影片进行柔和处理，一般是在使用"时间伸缩"以后进行应用。使用方法是选择需要加载帧混合的图层，单击图层上的帧混合按钮，最后单击 按钮。

运动模糊开关 ：该功能是在After Effects中移动层的时候应用模糊效果。其使用方法跟帧混合一样，必须先单击图层上的运动模糊按钮，然后单击 按钮才能开启运动模糊效果。图1-48所示的是开启运动模糊前后的对比效果。

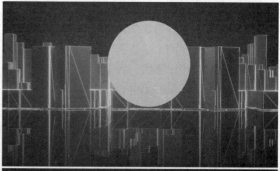

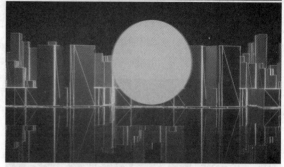

图1-48

> **提示** "隐藏所有图层""帧混合""运动模糊"这3项功能在"功能区域1"和"功能区域2"中都有控制按钮，其中"功能区域1"的控制按钮是总开关，而"功能区域2"的控制按钮是针对单一图层的，操作时必须把两个区域的控制按钮同时开启才能产生作用。

图表编辑器 ：单击该按钮可以打开曲线编辑器窗口。单击"图表编辑器"按钮 ，然后激活"缩放"属性，这时可以在曲线编辑器中看到一条可编辑曲线，如图1-49所示。

图1-49

2.功能区域2

下面来学习图1-50所示的区域，也就是"功能区域2"。

图1-50

重要参数讲解

显示按钮：其作用是在预览窗口中显示或者隐藏图层的画面内容。当打开"显示"时，图层的画面内容会显示在预览窗口中；相反，当关闭"显示"时，在预览窗口中就看不到图层的画面内容。

音频按钮：在时间轴中添加音频文件以后，图层上会出现"音频"按钮，单击该按钮后，再次预览的时候就听不到声音了。

单独显示按钮：在图层中单击"单独显示"按钮以后，其他图层的显示按钮就会从黑色变成灰色，在"合成"面板上就只会显示出激活了"单独显示"功能的图层，其他图层则暂停显示画面内容，如图1-51所示。

图1-51

锁定按钮：显示该按钮时表示相关的图层处于锁定状态，再次单击该按钮就可以解除锁定。一个图层被锁定后，就不能再通过鼠标来选择这个层了，也不能再应用任何效果。这个功能通常会应用在已经完成全部制作的图层上，避免由于误操作而删除或者损坏制作完成的内容。

三角按钮：用鼠标单击三角形按钮以后，三角形指向下方，同时显示出图层的相应属性，如图1-52所示。

图1-52

标签按钮：单击标签按钮后，会弹出颜色选择菜单，如图1-53所示，用户只要从中选择自己需要的颜色就可以改变标签的颜色。其中，"选择标签组"命令是用来选择所有具有相同颜色的层的。

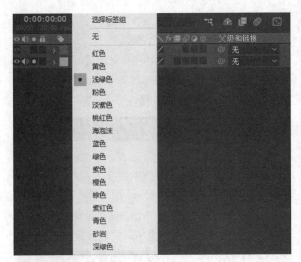

图1-53

编号按钮：用来标注图层的编号，它会从上到下依次显示出图层的编号，如图1-54所示。

图1-54

源名称 源名称 /**图层名称** 图层名称：单击"源名称"后，按钮名就会变成图层名称。这里，素材的名称不能更改，而图层的名称可以更改，只要按Enter键就可以更改图层的名称。

隐藏图层：用来隐藏指定的图层。当项目的图层特别多的时候，该功能的作用尤为明显。

栅格化：当图层是"合成"或*.ai文件时才可以使用"栅格化"按钮。应用该功能后，"合成"图层的质量会提高，渲染时间会减少。也可以不使用"栅格化"功能，以使*.ai文件在变形后保持最高的分辨率与平滑度。

质量和采样：这里显示的是从预览窗口中看到的图像的"质量"，单击该按钮可以在3种显示方式之间切换，如图1-55所示。

图1-55

效果 f_x：在图层上添加了特效滤镜以后，就会显示出该按钮，如图1-56所示。

图1-56

帧混合/运动模糊：帧混合功能用于在视频快放或慢放时对画面进行帧补偿。添加运动模糊的目的在于增强快速移动场景或物体的真实感。

调整图层：在一般情况下该按钮是不可见的，它的主要作用是让调节图层下面所有的图层都受到调节图层上添加的特效滤镜的控制。一般在进行画面色彩校正的时候该功能用得比较多。

3D图层：其作用是将二维图层转换成带有深度空间信息的三维图层。

父级和链接：图层间形成父子层级关系，父层级的属性会影响子层级。

展开或折叠"图层开关"窗格：用来展开或折叠图1-57所示的区域。

图1-57

展开或折叠"转换控制"窗格：用来展开或折叠图1-58所示的区域，用于设置图层的模式和遮罩。

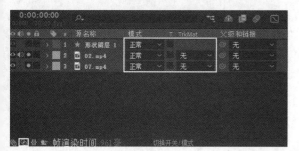

图1-58

展开或折叠"入点""出点""持续时间""伸缩"窗格：用来展开或折叠图1-59所示的"入点""出点""持续时间"和"伸缩"的区域。

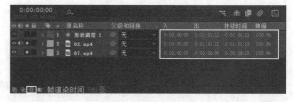

图1-59

展开或折叠"渲染时间"窗格：用于展开或折叠图1-60所示的渲染时间的区域。

图1-60

3.功能区域3

下面来学习图1-61所示的区域，也就是"功能区域3"。

图1-61

重要参数讲解

A/B/C：时间轴标尺的放大与缩小。这里的放大和缩小与"合成"窗口中预览时的缩放操作不一样，这里是指显示时间段的精密程度。将图1-62的时间指示器拖曳至最右侧，时间标尺以帧为单位进行显示，此时可以进行更加精确的操作。

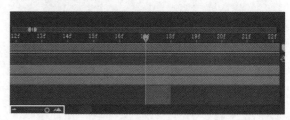

图1-62

D/E：设置项目合成工作区域的开头和结尾。

F：时间指示器在当前所处的时间位置点。用鼠标左右拖曳时间指示器，可以确定当前所在的时间位置。

G：用于在时间轴上添加标记，方便制作者进行操作。

1.3.4 工具栏

工具栏中的工具如图1-63所示，这些都是项目操作中使用频率极高的工具，希望读者熟练掌握。

图1-63

重要参数讲解

主页：单击该按钮后，弹出"主页"界面。

选取工具：快捷键为V键。用于选择素材、合成和效果等，是常用的工具之一。

手型工具：快捷键为H键。用于平移所选择的素材。

缩放工具：快捷键为Z键。用于缩放所选择的素材。

绕光标旋转工具：快捷键为Shift+1。当合成中创建摄像机后，用于旋转摄像机的角度。

在光标下移动工具：快捷键为Shift+2。当合成中创建摄像机后，用于平移摄像机的位置。

向光标方向推拉镜头工具：快捷键为Shift+3。当合成中创建摄像机后，用于推拉摄像机的远近。

旋转工具：快捷键为W键。用于旋转素材的角度。

向后平移（锚点）工具：快捷键为Y键。用于移动素材的锚点位置。

矩形工具：快捷键为Q键。用于绘制矩形图形。

钢笔工具：快捷键为G键。用于绘制曲线线条图形。

横排文字工具：快捷键为Ctrl+T。用于创建横排输入的文字。

画笔工具：快捷键为Ctrl+B。用于绘制图形。

仿制图章工具：快捷键为Ctrl+B。用于复制局部画面，用法与Photoshop中的"仿制图章工具"类似。

橡皮擦工具：快捷键为Ctrl+B。用于擦除绘制的图像。

Roto笔刷工具：快捷键Alt+W。用于抠出图像。

人偶位置控点工具：快捷键Ctrl+P。用于为制作变形动画的素材添加控制点。

第2章
After Effects的工作流程

本章主要介绍After Effects的基本工作流程。遵循After Effects的工作流程既可提升工作效率，又能避免出现不必要的错误和麻烦。

课堂学习目标

- 掌握创建项目合成的方法
- 掌握导入素材的方法
- 熟悉设置动画的要素
- 熟悉图层的种类及创建方法
- 掌握输出视频的方法

2.1 创建项目合成

打开After Effects后，软件中只显示了一个空界面，没有可被操作的内容，很多功能也未被激活。当新建了项目合成后，所有的功能便能在这个合成中使用了。

2.1.1 项目设置

在新建项目合成前，有必要对项目的工作环境进行预设置，以使我们的工作能顺畅地进行。执行"文件>项目设置"菜单命令，如图2-1所示，即可打开"项目设置"对话框。

图2-1

1.视频渲染和效果

在"视频渲染和效果"选项卡中，可选择是否使用Mercury GPU加速渲染，如图2-2所示。如果勾选了"Mercury GPU 加速（CUDA）"选项，可以提升渲染的效果（如呈现更细微的颜色差异），但是该功能对显卡的性能有一定的要求，所以一般不设置。

图2-2

2.时间显示样式

After Effects中的时间点或时间跨度是通过数值表示的，包括图层、素材项目和合成的当前时间，以及图层的入点、出点和持续时间。具体来说，数值化的时间显示方式分为时间码和帧数两种，可在"时间显示样式"选项卡中进行选择，如图2-3所示。

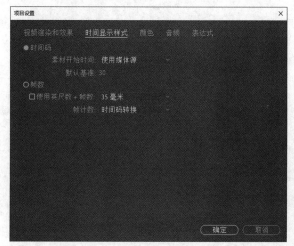

图2-3

重要参数讲解

时间码：时间码是摄像机在记录图像信号时针对每一幅图像记录的时间编码。时间码为视频中的每一帧都分配了一个数字，用于表示小时、分钟、秒钟和帧数，如1:20:09:22代表第1小时第20分钟第9秒的第22帧。

帧数：帧数代表了现在的画面为视频中的第多少帧。将帧数与时间或时间码进行换算时，需要考虑视频的帧率，帧率越大，同样的帧数对应的时间越短，反之则越长。

3.颜色

在"颜色"选项卡中主要对色深进行选择，一般为每通道8位、16位或32位，如图2-4所示。一般情况下用每通道8位的色深即可，在本书中也是以8位色深的RGB值来表现颜色的。

图2-4

8位的色深代表每个颜色通道值的可选范围在0~2^8-1，即0~255，因此我们一般看到的颜色的RGB值都是0~255的某个整数，即一共有1677万种颜色。同理，16位色深则代表每个颜色通道值的可选范围在0~2^{16}-1。32位色深的含义稍有不同，在After Effects中使用32位色深时，RGB值不再用整数，而是用0~1的小数表示，它其实也是1677万种颜色，不过它增加了256阶颜色的灰度，为了方便称呼，就规定它为32位色。

4.音频

在"音频"选项卡中可以选择音频的采样率，如图2-5所示。采样率设置得越高，音频的质量就越高。

图2-5

5.表达式

在"表达式"选项卡中可以设置表达式所运用的代码引擎，默认情况下使用JavaScript，如图2-6所示。

图2-6

2.1.2 创建合成

我们既可以通过图片、音频和视频等素材建立合成，又可以先建立一个空合成，再向其中添加素材。每一个合成都有自己的时间轴。执行"合成>新建合成"菜单命令（快捷键为Ctrl+N），如图2-7所示，即可打开"合成设置"对话框。

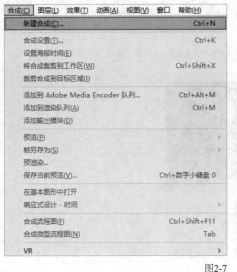

图2-7

除了上面讲到的方法外，还可以单击"合成"面板上的"新建合成"按钮，如图2-8所示。也可以将导入的素材拖曳到"项目"面板下方的"新建合成"按钮上生成新合成，如图2-9所示。

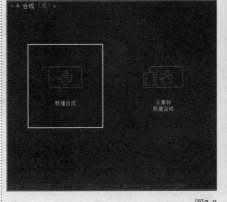

图2-8

图2-9

创建合成时，主要对项目的尺寸、帧速率、开始时间、持续时间和背景颜色等参数进行设置，如图2-10所示。新建的合成的名称会自动命名为"合成1"，也可以在设置时对其进行更改。

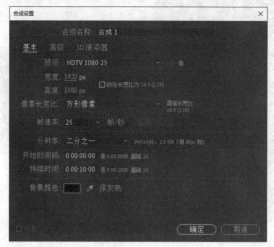

图2-10

重要参数讲解

像素长宽比：指图像中一个像素的宽与高之比。

帧速率：每秒显示的帧数，一般保持默认数值即可。

开始时间码：表示视频开始的时间，即分配给合成的第一个帧的时间码或帧编号。

持续时间：视频的长度。

2.2 导入素材

素材是构成一部作品的基本元素，制作项目所需的素材通过"项目"面板进行管理，可被导入的素材包括音频、视频、图片（包括单张和序列），以及Premiere的工程文件和Photoshop的PSD文件等。After Effects支持导入大多数的媒体文件，涵盖了我们日常使用到的几乎所有媒体格式。

2.2.1 导入图片素材

导入图片素材的方式有以下3种。

第1种：执行"文件>导入>文件"菜单命令（快捷键为Ctrl＋I），如图2-11所示，即可打开"导入文件"对话框。

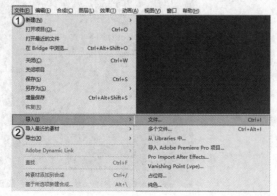

图2-11

第2种：在"项目"面板中任意一个空白位置双击，如图2-12所示，即可打开"导入文件"对话框。在素材文件所在的路径中选择图像素材，单击"导入"按钮 导入 即可完成图像的导入，如图2-13所示。

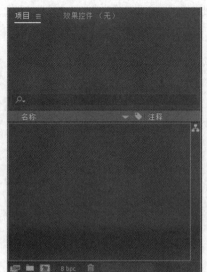

图2-12   图2-13

提示 按Ctrl键、Shift键或以框选的方法多选所需素材后，单击"导入"按钮 导入 即可同时导入多个文件。

第3种：从外部文件夹中将目标素材拖曳到"项目"面板中的空白区域，如图2-14所示，这样可以直接导入素材，而不用打开"导入文件"对话框。

导入的图像文件出现在"项目"面板中，如图2-15所示。当然，不只是图像文件，导入视频文件也是同样的方式。

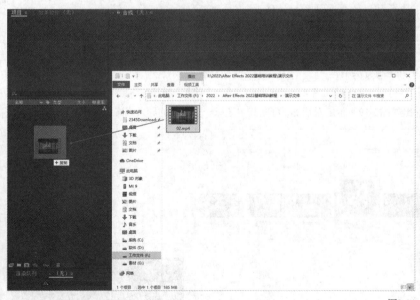

图2-14   图2-15

提示 MOV、AVI、MXF、FLV和F4V等格式的文件是容器文件，而不是特定的音频、视频或图像数据格式。容器文件可以包含使用各种压缩和编码方案编码的数据。After Effects可以导入这些容器文件，但是导入其所包含的实际数据的能力则取决于是否安装了相应的编/解码器。

2.2.2 导入序列图

序列文件是指一组有序的图片文件，如逐帧存储的短视频等。在导入序列文件时，按照常规方式打开"导入文件"对话框，在素材文件所在的路径中选择一个序列文件，然后勾选"序列选项"中的"ImporterJPEG序列"选项（其他格式的图片会自动显示为相应格式的序列），单击"导入"按钮 导入 完成图片的导入，如图2-16所示。

经过上述步骤导入的序列文件出现在"项目"面板中，序列文件中的图片已经按照编号自动排列了，如图2-17所示。

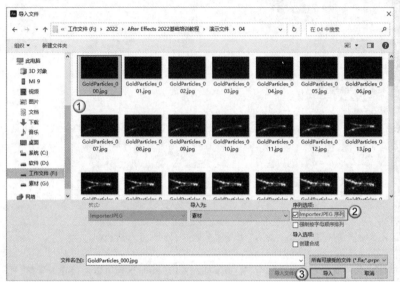

图2-16　　　　　　　　　　　　　　　　　　　　图2-17

2.2.3 导入分层素材

After Effects可以非常方便地调用Photoshop和Illustrator中的层文件。例如，PSD文件为Photoshop的自用格式，含有层次关系，可直接导入After Effects中并进行分层编辑。

按照常规方式打开"导入文件"对话框，选择扩展名为.psd的文件，单击"导入"按钮 导入 完成分层素材的导入，如图2-18所示。导入成功后，即可弹出如图2-19所示的对话框，可在其中选择一个合适的导入方案。

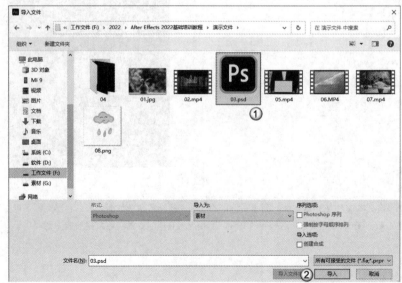

图2-18　　　　　　　　　　　　　　　　　　　　图2-19

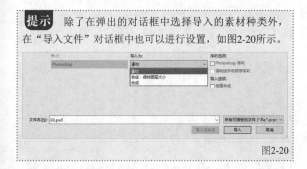

提示 除了在弹出的对话框中选择导入的素材种类外，在"导入文件"对话框中也可以进行设置，如图2-20所示。

图2-20

1.作为素材导入

当"导入种类"为"素材"时，若选择"合并的图层"选项，那么只会导入PSD格式文件中的单一图层作为素材。接下来需要选择导入的图层（与层文件的命名有关），并确定是否需要保留Photoshop图层的一些属性，最后确定素材的尺寸，单击"确定"按钮 **确定** 完成导入，如图2-21所示。

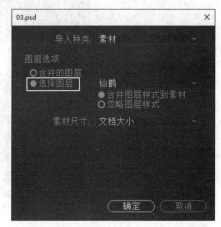

图2-21

若选择"选择图层"选项，那么PSD格式文件将作为一张图片导入，此时其他选项不可选择，单击"确定"按钮 **确定** 完成导入，如图2-22所示。

图2-22

重要参数讲解

合并的图层：设置PSD文件中作为素材导入的图层。

合并图层样式到素材/忽略图层样式：用于设置PSD文件的图层样式在After Effects中是否可以编辑。也就是说，"合并图层样式到素材"就是将PSD文件图层中的样式直接合并到图层上，而不能在After Effects中编辑。

素材尺寸：导入后的素材尺寸大小。

» **文档大小**：导入后的素材与PSD文件的大小一致。

» **图层大小**：导入后的素材与所选图层的大小一致。

2.作为合成导入

当"导入种类"为"合成"时，需要确定是否保留Photoshop图层的一些属性，单击"确定"按钮 **确定** 完成导入，如图2-23所示。使用这种方式导入素材后，新增的合成文件出现在"项目"面板中，双击即可打开该合成，可以看到其中包含原Photoshop文件中的所有图层，如图2-24所示。

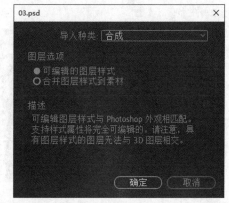

图2-23

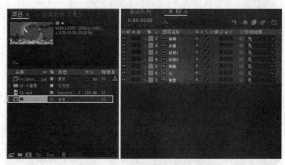

图2-24

当"导入种类"为"合成-保持图层大小"时，导入的是含有两个分层素材的合成文件。这种方式对图层的大小有限定条件，即当PSD文件的尺寸大于合成尺寸时将保持每一个图层原本的大小，否则会对原素材进行裁剪或根据合成尺寸进行调整。

2.3 动画制作的要素

关键帧是After Effects操作的重点，只有通过在图层上添加不同属性的关键帧，才能让素材运动起来形成动画。通过预览就能将关键帧连接起来，直观地看到动画效果。

2.3.1 关键帧

关键帧是物体动起来的一个记录标志。怎么真正地让这个物体变化呢？是通过设置动画开始和结束的两个关键帧，即在初始的位置设置一个关键帧，在落点的位置设置一个关键帧。

1.添加关键帧

在不同属性上可以建立不同的动画效果。先选中要建立关键帧的图层，并打开要建立的关键帧属性。连续单击按钮▶可以展开图层中的各项属性。在After Effects中，"时间变化秒表"按钮◎控制着关键帧的开关（每一个属性都有），如图2-25所示。

图2-25

> **提示** 在某些教程中，该按钮也被叫作"秒表"或"码表"。

单击属性左侧的"时间变化秒表"按钮◎，当按钮为高亮状态时◎表示秒表被打开，同时时间指示器所对应的时间点将自动添加该属性的关键帧，表示该属性的关键帧已经被激活，关键帧的值就是该属性的值，如图2-26所示。

图2-26

> **提示** 除了在图层中添加属性的关键帧外，还可以在添加了滤镜效果后，在"效果控件"面板中也添加效果的关键帧，如图2-27所示，同时该效果将应用于图层并添加到"时间轴"面板中，如图2-28所示。

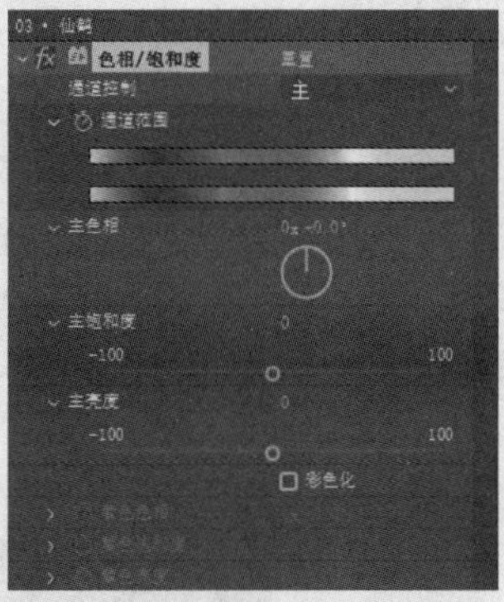

图2-27

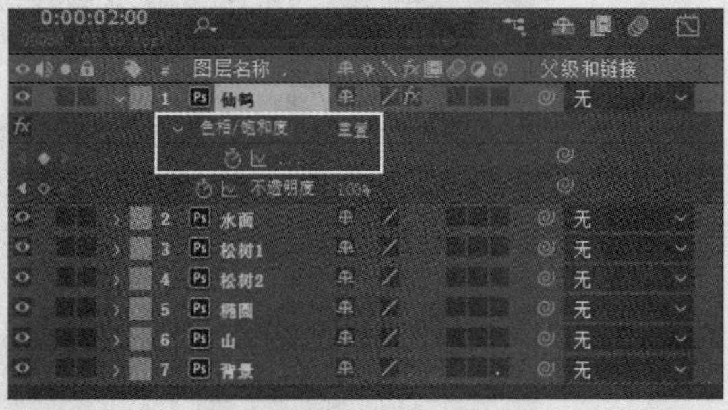

图2-28

2.生成动画

将时间指示器移动到0:00:00:00的位置，单击按钮◎即可创建一个起始关键帧，时间轴上会出现一个菱形标志◆，表示在这个时间点上激活了该属性值的关键帧，如图2-29所示。

图2-29

将时间指示器移动到0:00:02:00的位置,在"位置"属性值处输入"2398,771.5",即可创建一个终止关键帧,如图2-30所示。时间轴上出现了两个菱形标志,表示成功在这两个时间点上建立了使物体发生旋转的关键帧,素材将在这一段时间中按照设置的参数来运行动画,如图2-31所示。

图2-30

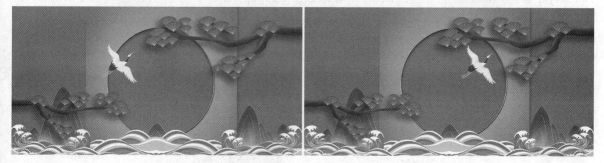

图2-31

2.3.2 预览

完成一部分文件的制作后,我们需要预览这部分文件的效果,确认是否需要对之前的工作进行修改。先调整工作区域,使工作区域的起止时间和想要预览的时间段相符,如图2-32所示,然后在After Effects的"预览"面板中单击"播放/停止"按钮▶(如图2-33所示)或按空格键(默认的快捷键),即可对动画进行预览。

图2-32   图2-33

在预览动画时,时间指示器会向右侧滑动(随着时间的增加而运动),因此在显示为绿色的时间段中,还可以通过拖曳时间指示器来实现更加灵活的预览,如图2-34所示。

图2-34

2.4 用图层制作动画

After Effects的图层是视频合成的基本组成单元，了解图层的相关知识是使用After Effects制作动画的基础。通过对各类图层的排列和叠加，可以在合成中实现各种效果。

2.4.1 创建图层的方法

除了导入的素材图层，After Effects主要还包括文本图层、纯色图层、灯光图层、摄像机图层、空对象、形状图层和调整图层。常见的创建图层的方法有以下3种方式。

第1种：按常规方式创建。执行"图层>新建"菜单命令，在子菜单中有文本、纯色和灯光等图层类型可供选择，选择其中的某一项可在当前打开的合成中新建相应类型的图层，如图2-35所示。

第2种：在合成预览中创建。这是一种快捷的创建方式，在合成预览或"时间轴"面板的空白处单击鼠标右键并选择"新建"命令，在弹出的子菜单中同样有文本、纯色和灯光等图层类型可供选择，如图2-36所示。

图2-35

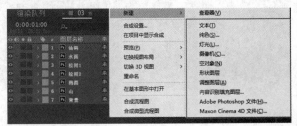

图2-36

> **提示** 也可以利用快捷键快速创建所需要的图层。下面介绍创建常见类型图层的快捷键。
> 创建"文本"图层的快捷键为Ctrl+Alt+Shift+T。
> 创建"纯色"图层的快捷键为Ctrl+Y。
> 创建"空对象"图层的快捷键为Ctrl+Alt+Shift+Y。
> 创建"调整图层"图层的快捷键为Ctrl+Alt+Y。

第3种：使用工具创建，如图2-37所示。使用形状工具组或钢笔工具组中的工具在合成预览中绘制，即可新建形状图层。使用文字工具组中的工具在合成预览中输入文字，即可创建文字图层。

图2-37

2.4.2 图层的种类

在After Effects中可以创建11种类型的图层，下面介绍常见的8种类型。

1.文本图层

在文本图层中可以编辑文本的字体、大小等属性。用常规方式创建一个文本图层，图层名称左侧的图标■代表该图层是文字图层，如图2-38所示。

图2-38

> **提示** 文本图层一般与"字符"面板一同使用，在"字符"面板中可以调整文字的字体、间隔、颜色和字号等属性，用于对画面进行简单的图文排版，相关内容将在第7章中进行详细讲解。

2.纯色图层

纯色图层又叫作"固态层"。纯色图层是After Effects中最简单的图层，可设置的参数相对其他图层来说是最少的，因此使用起来较为方便。创建一个纯色图层，图层名称左侧的图标■代表该图层是纯色图层，并指明了图层的颜色，如图2-39所示。一般来说，纯色图层多用于合成背景，通常放置在合成的最下层，或是作为一些生成类效果的载体，例如"分形杂色"等效果。

图2-39

3.灯光图层

与前两个图层不同，灯光图层仅在三维合成中起作用，用于给合成添加各种光照效果。创建一个灯光图层，图层名称左侧的图标■代表该图层是灯光图层，如图2-40所示。效果如图2-41所示。

图2-40

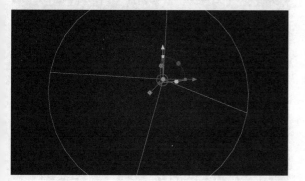

图2-41

提示 灯光图层有其特殊的属性。建立灯光图层时将打开"灯光设置"对话框，如图2-42所示，可在其中设置灯光的类型、颜色和强度等属性，也可以在建立的灯光图层中对其属性参数进行设置。

图2-42

4.摄像机图层

摄像机图层与灯光图层相同，仅在三维合成中起作用。摄像机图层用于灵活设置摄像机的参数和空间位置，渲染输出的内容为摄像机拍摄到的画面结果（无摄像机图层时，得到的是从正前方看的结果）。创建一个摄像机图层，图层名称左侧的图标■代表该图层是摄像机图层，如图2-43所示。

图2-43

提示 在创建摄像机图层时，会弹出图2-44所示的对话框。在对话框中可以设置摄像机的各种属性。

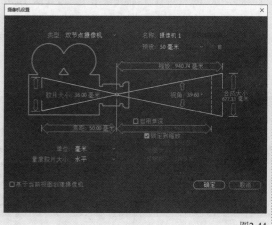

图2-44

5.空对象

空对象是非常特殊的一类图层，它本身不包含任何属性，也不会被显示在合成输出的视频中。创建一个空对象，该图层在合成预览中以一个小方框的形式显示，如图2-45所示，图层名称左侧的图标□（和白色的纯色图层相同）代表该图层是空对象，如图2-46所示。虽然空对象看起来没有任何效果，但是它是制作动画常用的图层之一。空对象常作为多个图层的父层级，用以控制图层间的相对位置、大小等关系。后面将会详细介绍与空对象相关的用法。

图2-45

图2-46

6.形状图层

形状图层是制作动画较为常用的图层之一，通过形状图层可以快速地建立方形、圆形和五角星形等简单的形状。此外，该图层还具有描边、中继器和扭曲等独有的功能，可实现一些复杂的效果。创建一个矩形，如图2-47所示，图层名称左侧的图标★代表该图层是形状图层，如图2-48所示。关于形状图层的具体知识，将会在本书第5章进行系统学习。

图2-47

图2-48

7.调整图层

调整图层与空对象类似，不会显示在合成的输出图像上。调整图层本身只有一些简单的变换类属性，但作用于调整图层的效果还会作用于其下的所有图层。创建一个调整图层，图层名称左侧的图标□（和白色的纯色图层相同）代表该图层是调整图层，如图2-49所示。

图2-49

8.合成

合成本身也可以作为一个图层被添加到其他的合成中，这时作为图层的合成类似于一个视频素材，会按照原本的持续时间和播放速度被添加进新合成中。创建一个合成，图层名称左侧的图标▦代表该图层是一个合成，如图2-50所示。

图2-50

2.5 渲染为可播放格式

在After Effects中完成一系列的制作后，还需要通过渲染将制作的动画导出为播放器支持的MOV和AVI等文件格式。

在渲染之前，需要先确认工作区域的起止时间与想要导出的时间段相符。执行"合成>添加到渲染队列"菜单命令（快捷键为Ctrl + M），如图2-51所示，即可将视频添加到渲染队列中。

图2-51

在打开的"渲染队列"面板中可以看到"合成1"被添加到渲染队列中了，如图2-52所示。另外，After Effects还支持多个合成项目加入渲染任务中，并按照各自的渲染设置及在队列中的上下顺序进行渲染，这样我们就可以安排好需要渲染的任务，在任务执行期间做其他事情。

图2-52

重要参数讲解

当前渲染：显示渲染的进度。

渲染设置：单击"最佳设置"选项，会弹出"渲染设置"对话框，如图2-53所示。在对话框中可以设置输出文件的品质、分辨率、帧速率和时间范围。

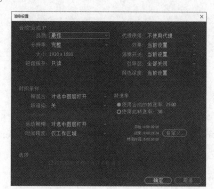

图2-53

输出模块：选择"高品质"选项，会弹出"输出模块设置"对话框，如图2-54所示。

» **格式**：在下拉菜单中可以选择输出文件的格式，如图2-55所示。默认的输出格式中没有MP4格式，如果要输出该格式，需要通过Adobe Media Encoder 2022进行输出。

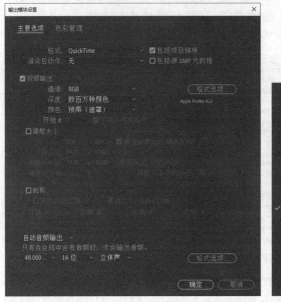

图2-54　　　　　　　　　　　　　图2-55

» **通道**：设置输出文件所包含的通道，默认为RGB。如果需要输出带Alpha通道的文件，就要将"通道"修改为"Alpha"或"RGB+Alpha"。

输出到：选择"尚未指定"选项，在弹出的"将影片输出到："对话框中设置文件保存的路径和名称，如图2-56所示。

图2-56

渲染 渲染 ：单击此按钮，就可以在After Effects中渲染文件。

AME中的队列 AME中的队列 ：单击此按钮，会将输出文件添加到Adobe Media Encoder 2022中，并进行更多格式的输出。需要注意的是，Adobe Media Encoder 2022要单独安装，且版本必须与After Effects相同才能直接打开该软件。如果使用不同的版本，则必须手动添加文件。

> **提示** Adobe Media Encoder 2022是一款辅助软件，用于输出After Effects和Premiere Pro所制作的文件。这两款软件的制作文件可以同时在Adobe Media Encoder软件中进行批量输出。

Adobe Media Encoder软件的界面分为5大部分，分别是"媒体浏览器""预设浏览器""队列""监视文件夹""编码"，如图2-57所示。

媒体浏览器   队列/监视文件夹

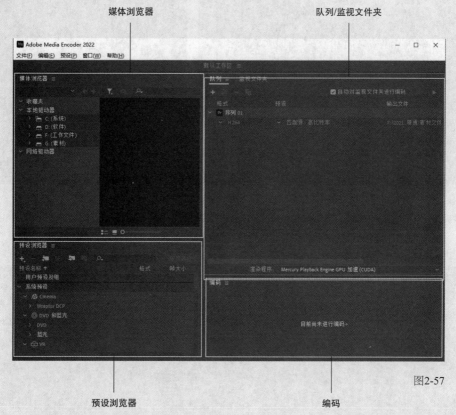

预设浏览器   编码

图2-57

媒体浏览器： 可以在将媒体文件添加到队列之前预览这些文件，保证渲染后不出现问题，避免浪费时间，面板如图2-58所示。

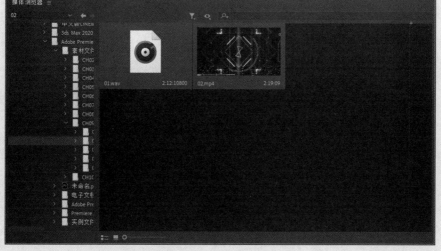

图2-58

预设浏览器：提供各种可以帮助简化工作流程的选项，如图2-59所示。

队列：将需要输出的文件添加到队列中。可以输出视频和音频文件，还可以兼容Premiere Pro序列和After Effects合成，如图2-60所示。

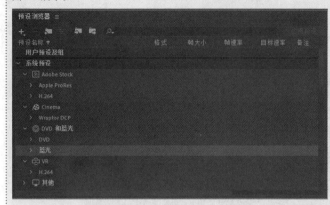 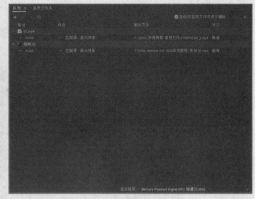

图2-59 图2-60

监视文件夹：在面板中可以添加任意路径的文件夹作为监视文件夹，之后添加在监视文件夹中的文件都会使用预设的序列进行输出。

编码：显示每个编码文件的状态信息，如图2-61所示。

图2-61

第3章

图层操作

无论是创建合成、动画还是创建特效，都离不开图层。本章主要介绍图层的相关内容，包括图层的种类、图层的创建方法、图层的属性以及图层的基本操作。

课堂学习目标

- 了解图层的种类
- 掌握图层的创建方法
- 熟悉图层的属性
- 掌握图层的基本操作

3.1 图层概述

使用After Effects制作画面特效合成时，它的直接操作对象就是图层，无论是创建合成、动画还是特效都离不开图层。After Effects中的图层和Photoshop中的图层一样，在"时间轴"面板中可以直观地观察到图层的分布。图层按照从上向下的顺序依次叠放，上一层的内容将遮住下一层的内容，如果上一层没有内容，将直接显示下一层的内容，如图3-1所示。

图3-1

> **提示** After Effects可以自动为合成中的图层进行编号。在默认情况下，这些编号显示在"时间轴"面板的靠近图层名字左边的位置。图层编号决定了图层在合成中的叠放顺序，当叠放顺序发生改变时，这些编号也会自动发生改变。

3.2 图层属性

在After Effects中，图层属性在制作动画特效时占据着非常重要的地位。除了单独的音频图层以外，其余的所有图层都具有5个基本"变换"属性，分别是"锚点""位置""缩放""旋转""不透明度"，如图3-2所示。在"时间轴"面板中单击 ▶ 按钮，可以展开图层变换属性。

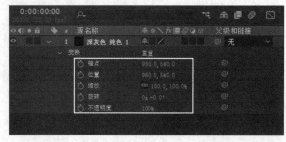

图3-2

本节重点内容

重点内容	说明	重要程度
锚点	图层的基准点	中
位置	图层的位置	高
缩放	图层的放大或缩小	高
旋转	图层的旋转角度	高
不透明度	图层的透明程度	高

3.2.1 课堂案例：制作卡通插画

案例文件	案例文件>CH03>课堂案例：制作卡通插画
教学视频	课堂案例：制作卡通插画.mp4
学习目标	掌握图层属性设置方法

本案例需要将素材图层导入After Effects中，然后拼合为一个完整的插画，并对素材图层制作简单的动画效果，如图3-3所示。

图3-3

01 新建1920px×1080px的合成，并命名为"卡通插画"，如图3-4所示。

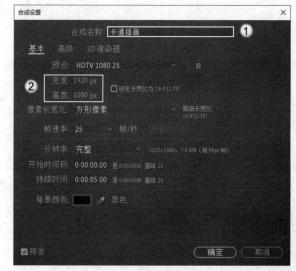

图3-4

02 在"项目"面板中导入学习资源"案例文件＞CH03＞课堂案例：制作卡通插画"文件夹中的素材图层，如图3-5所示。

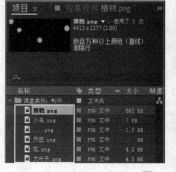

图3-5

03 将素材图层按图3-6所示的顺序依次放置于"时间轴"面板中。

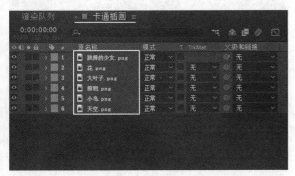

图3-6

04 此时素材的大小远远超出了合成的大小。选中所有图层，按S键调出"缩放"参数，然后减小每个图层的尺寸，如图3-7所示。效果如图3-8所示。

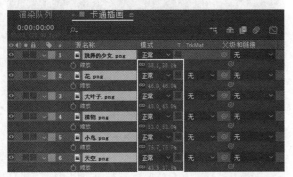

图3-7

图3-8

05 选中"跳舞的少女.png"图层，按R键调出"旋转"参数，然后添加"旋转"的关键帧，如图3-9所示。

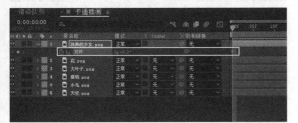

图3-9

06 将时间指示器移动到0:00:01:00处，设置"旋转"为"0x+10°"，如图3-10所示。效果如图3-11所示。

图3-10

图3-11

07 选中两个关键帧，然后按快捷键Ctrl+C复制，并将时间指示器移动到0:00:02:00的位置，按快捷键Ctrl+V粘贴，如图3-12所示。

图3-12

08 再将时间指示器移动到0:00:04:00的位置，按快捷键Ctrl+V粘贴两个关键帧，如图3-13所示。

图3-13

09 观察动画可以发现小女孩的脚步有明显的滑动。将时间指示器移动到剪辑的起始位置，然后按P键调出"位置"参数，并添加关键帧，如图3-14所示。

图3-14

10 将时间指示器移动到0:00:01:00的位置，然后设置"位置"为"1341,344"，如图3-15所示。效果如图3-16所示。

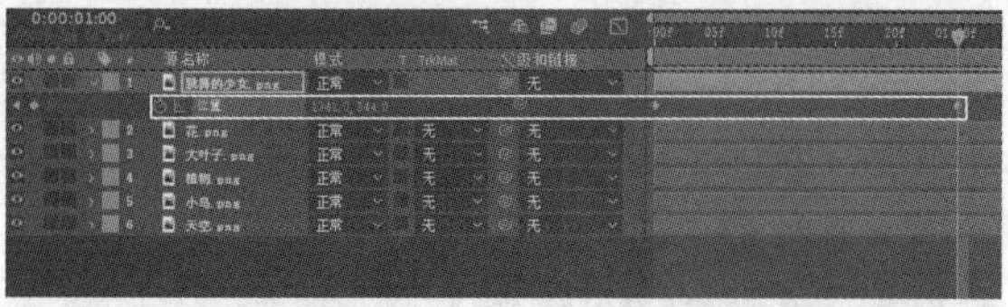

图3-15

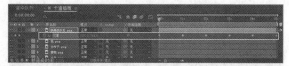

图3-16

11 选中"位置"参数的两个关键帧，将其复制后粘贴到0:00:02:00和0:00:04:00的位置，如图3-17所示。

图3-17

12 案例最终效果如图3-18所示。

图3-18

3.2.2 锚点属性

"锚点"（A键）是图层的基准点，当调整图层的"位置""缩放""旋转"属性时，均以图层的锚点作为基准。一般来说，将锚点放置在图层形状的中心或边角点会便于动画的制作。在需要改变锚点的位置时，一般不直接更改锚点的属性值，而是使用"锚点工具" 在合成预览中将锚点拖曳到合适的位置，如图3-19所示。

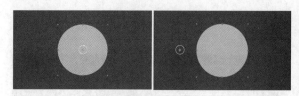

图3-19

3.2.3 位置属性

"位置"（P键）所显示的坐标表示图层在合成中所处的位置，如图3-20所示。属性中的第1个值是x轴坐标，代表水平方向上的位置，该值越大，图层就越靠向右侧；属性中的第2个值是y轴坐标，代表竖直方向上的位置，该值越大，图层就越靠下。

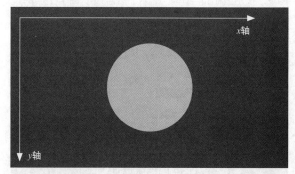

图3-20

如果要分别对图层的水平和竖直方向上的位置进行改动，那么可以在"位置"属性处单击鼠标右键并在弹出菜单中选择"单独尺寸"命令，如图3-21所示，即可将"位置"属性拆分为"X位置"和"Y位置"两个属性，如图3-22所示。

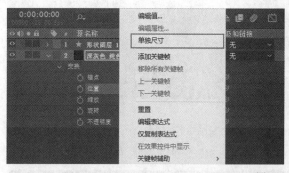

图3-21

图3-22

3.2.4 缩放属性

"缩放"（S键）所显示的值为图层放大倍数，如图3-23所示。当属性值前的"约束比例"按钮 被激活时，图层将进行等比例缩放，即修改其中一个数值，另一个数值也会按比例更改为相应的数值，因此形状不会发生改变。单击"约束比例"按钮 ，水平方向和竖直方向上的比例约束将被解除，可仅对其中的一个值进行修改，让图层变窄或变宽。

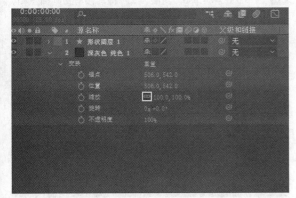

图3-23

3.2.5 旋转属性

"旋转"（R键）所显示的值为图层旋转的角度和周期，如图3-24所示。当该值为正数时，图层顺时针旋转；当该值为负数时，图层逆时针旋转。

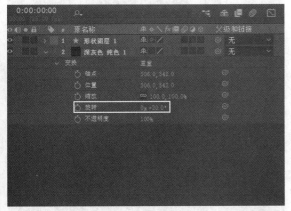

图3-24

3.2.6 不透明度属性

"不透明度"（T键）所显示的值为图层的显示透明度，如图3-25所示。该数值越低，图像就越接近透明。

图3-25

> **提示** 当图层的数量较多时，将每个图层的所有属性都展开会使面板变得杂乱，这样不利于工作，在实际操作时可以通过快捷键调出我们需要编辑的某一个属性，既提高了工作效率，也使面板干净整洁。另外，按U键可以调出被激活的所有关键帧。

3.3 图层的基本操作

本章主要介绍图层的基本操作，这部分内容比较重要，是后续制作的基石，请读者务必掌握。

本节重点内容

重点内容	说明	重要程度
图层排序	排列图层的显示顺序	高
对齐和分布	对齐或分布多个图层	高
序列图层	图层按照特定顺序排列	中
图层时间	调整图层的显示时长	中
拆分图层	将图层拆分为多个剪辑片段	高
提升/提取	保留剪辑片段	中
父子层级	父层级控制子层级图层	高
图层模式	图层间的显示模式	高

3.3.1 课堂案例：制作运动的摩托车

案例文件　案例文件>CH03>课堂案例：制作运动的摩托车

教学视频　课堂案例：制作运动的摩托车.mp4

学习目标　掌握图层的基本操作

本案例需要为卡通摩托车制作位移动画，效果如图3-26所示。

图3-26

01 新建1920px × 1080px的合成，命名为"运动的摩托车"，如图3-27所示。

图3-27

02 在"项目"面板中导入学习资源"案例文件 > CH03> 课堂案例：制作运动的摩托车"文件夹中的"素材.psd"文件，在导入时选择"导入种类"为"合成-保持图层大小"，如图3-28和图3-29所示。

图3-28

图3-29

03 将两个PSD图层添加到"时间轴"面板中，并按S键调出"缩放"参数，缩小素材的大小以与合成相匹配，如图3-30所示。

图3-30

提示 在添加PSD图层时，需要将"背景"图层放在下方，这样才不会遮挡摩托车素材图层，如图3-31所示。

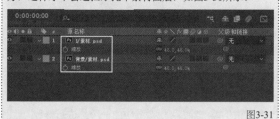

图3-31

04 选中"1/素材.psd"图层，然后将其移动到画面左侧，并按P键调出"位置"参数，添加关键帧，如图3-32所示。

图3-32

05 将时间指示器移动到0:00:02:00的位置，然后将"1/素材.psd"图层移动到画面右侧，如图3-33所示。

图3-33

06 合成的时长为5秒，而动画只有2秒。移动"工作区域结尾"到0:00:02:00的位置，如图3-34所示。

图3-34

07 在"工作区"上单击鼠标右键，在弹出的菜单中选择"将合成修剪至工作区域"命令，如图3-35所示。此时合成总长度修改为2秒，如图3-36所示。

图3-35

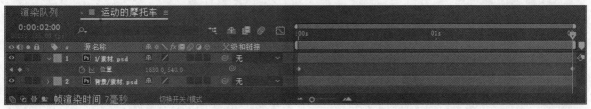

图3-36

08 案例最终效果如图3-37所示。

图3-37

3.3.2 图层的排列顺序

图层的排列顺序决定了每个图层之间的遮挡关系，#符号下的数字即为图层在合成中的顺序。序号小的图层显示在最顶层，序号最大的图层则在最底层，如图3-38所示。效果如图3-39所示。

图3-38

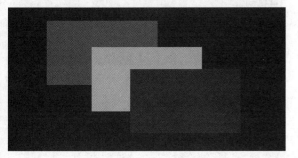

图3-39

若需要更改图层的顺序，常用的方法是选中（单选或多选）目标图层后将其拖曳至目标次序位置。执行"图层>排列"菜单命令，在弹出的子菜单中就可以选择不同的调整方式，如图3-40所示。

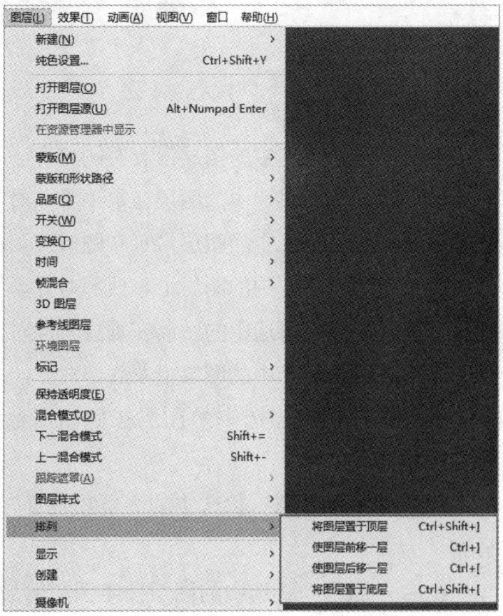

图3-40

重要参数讲解

将图层置于顶层：可以将选择的图层调整到最上层，快捷键为Ctrl+Shift+]。

使图层前移一层：可以将选择的图层向上移动一层，快捷键为Ctrl+Shift+[。

使图层后移一层：可以将选择的图层向下移动一层，快捷键为Ctrl+[。

将图层置于底层：可以将选择的图层调整到最底层，快捷键为Ctrl+]。

> **提示** 当改变"调整图层"的排列顺序时，位于调整图层下面的所有图层的效果都将受到影响。在三维图层中，由于三维图层的渲染顺序是按照z轴的远近深度来进行渲染的，因此在三维图层组中，即使改变这些图层在"时间轴"面板中的排列顺序，显示出来的最终效果也不会改变。

3.3.3 图层的对齐和分布

要想将多个图层进行对齐或分布，采用直接对各个图层的位置属性进行编辑的方法会十分麻烦，若使用After Effects自带的对齐和分布功能，则可以快速将各个图层对齐或调整为相同的间距。

执行"窗口>对齐"菜单命令打开"对齐"面板，如图3-41所示。第1排按钮用来控制图层相对于选区（合成）进行对齐，第2排按钮用来控制图层相对于选区（合成）进行排列。

图3-41

重要参数讲解

左对齐：将选中的图层沿着左侧对齐。

水平对齐：将选中的图层在水平方向对齐。

右对齐：将选中的图层沿着右侧对齐。

顶对齐：将选中的图层沿着顶部对齐。

垂直对齐：将选中的图层在垂直方向对齐。

底对齐：将选中的图层沿着底部对齐。

按顶分布：将选中的图层按照图层最高处均匀分布。

垂直均匀分布：将选中的图层在垂直方向上均匀分布。

按底分布：将选中的图层按照图层的最低处均匀分布。

按左分布：将选中的图层按照图层的最左侧均匀分布。

水平均匀分布：将选中的图层在水平方向上均匀分布。

按右分布：将选中的图层按照图层的最右侧均匀分布。

> **提示** 当选中两个或两个以上的图层时，才能激活"分布图层"中的按钮，这与Photoshop中的工具用法类似。

3.3.4 排序图层

使用"关键帧辅助"中的"序列图层"命令可以自动排列图层的入点和出点。在"时间轴"面板中依次选择作为序列图层的图层，然后执行"动画>关键帧辅助>序列图层"菜单命令，打开"序列图层"对话框，在该对话框中可以进行两种操作，如图3-42所示。

图3-42

重要参数讲解

重叠：用来设置是否进行图层的交叠。如果选择"重叠"选项，序列图层的首尾就会产生交叠现象，并且可以设置交叠时间和交叠之间的过渡是否产生淡入淡出效果，如图3-43所示。

图3-43

持续时间：用来设置图层之间相互交叠的时间。

过渡：用来设置交叠部分的过渡方式。

使用"序列图层"命令后，图层会依次排列，如图3-44所示。

图3-44

> **提示** 选择的第1个图层是最先出现的图层，后面图层的排列顺序将按照该图层的顺序进行排列。另外，"持续时间"参数主要用来设置图层之间相互交叠的时间，"变换"参数主要用来设置交叠部分的过渡方式。

3.3.5 设置图层时间

设置图层时间的方法有两种，可以使用时间设置栏对时间的出入点进行精确设置，也可以使用手动方式来对图层时间进行直观操作。

第1种：在"时间轴"面板中的出入点时间上拖曳，或单击这些时间，然后在打开的对话框中直接输入数值来设置图层的出入点时间，如图3-45所示。

图3-45

第2种：在"时间轴"面板的图层时间栏中，通过在时间标尺上拖曳图层的出入点位置进行设置，如图3-46所示。

图3-46

提示 设置素材的入点的快捷键为Alt+[，设置出点的快捷键为Alt+]。

3.3.6 拆分图层

拆分图层就是将一个图层在指定的时间处拆分为多段图层。选择需要拆分的图层，然后在"时间轴"面板中将当前时间指示器拖曳到需要分离的位置，如图3-47所示，接着执行"编辑>拆分图层"菜单命令或按快捷键Ctrl+Shift+D，如图3-48所示。这样就把图层在当前时间处分离开了，如图3-49所示。

图3-47

图3-48

图3-49

3.3.7 提升/提取图层

如果要移除一段视频中的某几个片段，就需要使用"提升"和"提取"命令。这两个命令都具备移除部分镜头的功能，但是它们也有一定的区别。

拖曳鼠标来确定"工作区域开头"和"工作区域结尾"的位置，以确定要提升或提取的片段，然后在该片段上单击鼠标右键，在弹出的菜单中有4种修剪方式，如图3-50所示。

图3-50

重要参数讲解

提升工作区域：删除所选图层在工作区域内的部分，剩余部分会被分为两个新的图层，如图3-51所示。

图3-51

提取工作区域：删除所选图层在工作区域内的部分，并将生成的新图层靠紧，如图3-52所示。

图3-52

将合成修剪至工作区域：工作区域之外的图层将被裁剪，合成将被设置为工作区的长度，如图3-53所示。

图3-53

通过工作区域创建受保护区域：将工作区域内的部分进行保护，如图3-54所示。

图3-54

3.3.8 父子层级

图层间父子层级是一个很重要的功能。父图层能控制子图层的位置、大小和角度等属性，而子图层则不会影响父图层。

建立父子层级有两种方法，一种方式是在下拉列表中选择作为父图层的图层，如图3-55所示。另一种方法是单击"父级关联器"按钮 ，然后将其拖曳至目标图层（父图层），如图3-56所示。

图3-55

图3-56

> **提示** 在使用上述任何一种方法添加父图层时按住Shift键，都可让子图层移动到与父图层相同的位置。

除了图层间的关联外，还可以将两个图层的参数进行关联，如图3-57和图3-58所示。关联后的参数会变成红色，只能调节父图层的参数。

图3-57

图3-58

3.3.9 图层模式

图层模式可以让不同的图层进行混合，从而产生新的效果，在合成视频素材时该功能的运用频率很高。

在每个图层后方都会显示其对应的"模式"，默认情况下为"正常"，如图3-59所示。这就是图层的原始效果，可以观察到序列图会完全遮挡住下方的图层内容，如图3-60所示。

图3-59

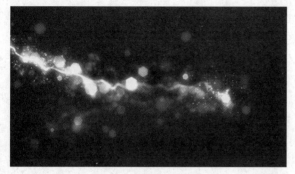

图3-60

选中序列图层,然后设置"模式"为"屏幕",如图3-61所示,就可以隐藏黑色部分,让画面中的金色粒子与下方的视频内容进行融合,如图3-62所示。

图3-61

除了"屏幕"模式外,还可以在图3-63所示的菜单中选择不同的模式,每种模式生成的效果都会不太一样。图3-64所示为部分模式的混合效果。

图3-63

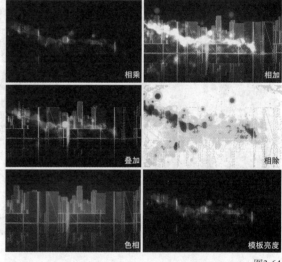

图3-64

图3-62

提示 After Effects的图层混合模式用法和原理与Photoshop中图层混合模式类似。

3.4 课堂练习:制作滚动的皮球

案例文件 案例文件>CH03>课堂练习:制作滚动的皮球
教学视频 课堂练习:制作滚动的皮球.mp4
学习目标 练习位置和旋转关键帧的用法

本练习需要用一个皮球素材图片制作皮球滚动的动画效果,需要用到"位置"和"旋转"两个参数,如图3-65所示。

图3-65

操作提示

第1步：导入"案例文件 > CH03>课堂练习：制作滚动的皮球"文件夹中的皮球素材图片。

第2步：缩小皮球并添加"位置"和"旋转"的关键帧。

第3步：创建一个"纯色"图层作为背景。

3.5 课后习题：制作文字动画

案例文件　　案例文件>CH03>课后习题：制作文字动画
教学视频　　课后习题：制作文字动画.mp4
学习目标　　掌握图层的属性设置和基本操作

本习题需要将两个素材进行叠加，并添加"不透明度"关键帧，效果如图3-66所示。

图3-66

操作提示

第1步：导入"案例文件 > CH03>课后习题：制作文字动画"文件夹中的背景和文字素材。

第2步：缩小并移动文字图层，然后为该图层添加"不透明度"参数的关键帧。

第3步：设置文字图层的"模式"为"叠加"。

第4章

动画操作

在第2章中学习了关键帧的概念和使用方法，这是制作动画的基础。本章将详细讲解如何在After Effects中制作动画，主要包括动画关键帧、曲线编辑器以及预合成的基本概念与使用方法，这些都是制作动画和特效的重要知识点。

课堂学习目标

- 掌握关键帧的原理和设置方法
- 掌握曲线编辑器的原理和操作方法
- 掌握预合成的使用方法

4.1 动画关键帧

在After Effects中，制作动画主要是使用关键帧技术配合动画曲线编辑器来完成的，当然也可以使用After Effects的表达式技术来制作动画。

本节重点内容

重点内容	说明	重要程度
关键帧	添加和修改关键帧	高
关键帧导航器	快速选择跳转关键帧	高
插值	关键帧之间的过渡方式	高

4.1.1 课堂案例：制作眼部虚拟交互动画

案例文件	案例文件>CH04>课堂案例：制作眼部虚拟交互动画
教学视频	课堂案例：制作眼部虚拟交互动画.mp4
学习目标	掌握关键帧的操作方法

本案例制作一个简单的眼部虚拟交互动画。在制作时，需要根据眼部素材的内容添加"不透明度"的关键帧，生成流畅的动画效果，如图4-1所示。

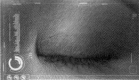

图4-1

01 在"项目"面板中导入学习资源"案例文件 > CH04>课堂案例：制作眼部虚拟交互动画"文件夹中的素材文件，如图4-2所示。

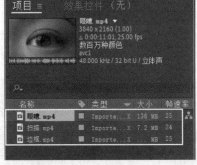

图4-2

02 选中"眼睛.mp4"素材文件，将其拖曳到"时间轴"面板生成合成，如图4-3所示。效果如图4-4所示。

图4-3

图4-4

03 选中"边框.mp4"素材文件，将其拖曳到"时间轴"面板，放在顶层，如图4-5所示。效果如图4-6所示。

图4-5

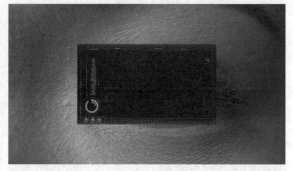

图4-6

04 选中"边框.mp4"图层，按S键调出"缩放"参数，设置"缩放"为"200,200%"，如图4-7所示。效果如图4-8所示。

图4-7

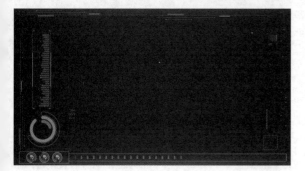

图4-8

05 将"边框.mp4"图层的"模式"调整为"相加"，如图4-9所示。效果如图4-10所示。

图4-9

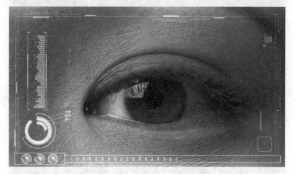

图4-10

06 选中"扫描.mp4"素材文件，将其拖曳到"时间轴"面板中，并置于顶层，如图4-11所示。效果如图4-12所示。

图4-11

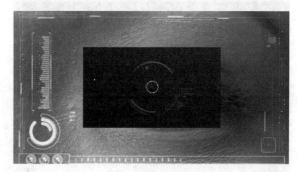

图4-12

07 设置"扫描.mp4"图层的"模式"为"相加"，如图4-13所示。效果如图4-14所示。

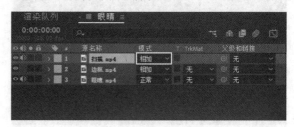

图4-13

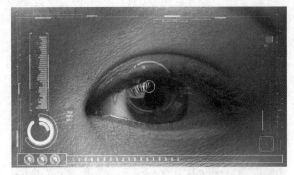

图4-14

08 移动"扫描.mp4"图层的位置，使其处于瞳孔上方，如图4-15所示。

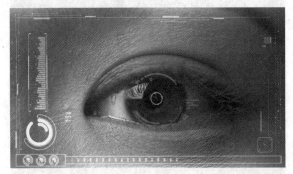

图4-15

09 将时间指示器移动到0:00:00:15的位置，此时画面中的眼睛即将闭合。选中"扫描.mp4"图层，按T键调出"不透明度"参数，并添加关键帧，如图4-16所示。

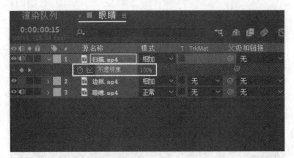

图4-16

10 将时间指示器移动到0:00:00:17的位置，设置"不透明度"参数为"0%"，如图4-17所示。效果如图4-18所示。

图4-17

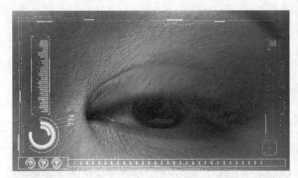

图4-18

11 将时间指示器移动到0:00:01:04的位置，单击"在当前时间添加或移除关键帧"按钮，添加一个关键帧，如图4-19所示。

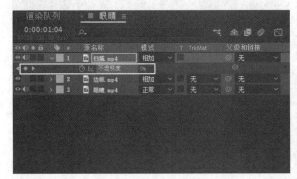

图4-19

12 将时间指示器移动到0:00:01:09的位置，设置"不透明度"为"100%"，如图4-20所示。效果如图4-21所示。

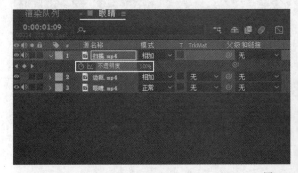

图4-20

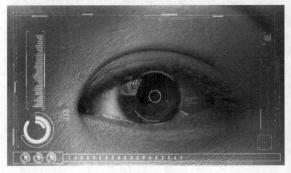

图4-21

13 将"工作区结尾"移动到0:00:02:00的位置，如图4-22所示。

图4-22

14 案例最终效果如图4-23所示。

 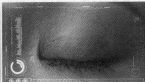  

图4-23

4.1.2 关键帧概念

关键帧的概念来源于传统的卡通动画。动画设计师负责设计卡通片中的关键画面，即关键帧，如图4-24所示；动画设计师助理负责完成中间帧的制作，如图4-25所示。

 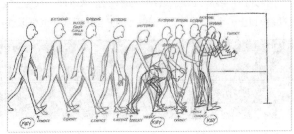

图4-24   图4-25

在计算机动画中，中间帧可以由计算机来完成，插值代替了设计中间帧的动画师，所有影响画面图像的参数都可以成为关键帧的参数。After Effects可以依据前后两个关键帧来识别动画的起始和结束状态，并自动计算中间的动画过程来产生视觉动画，如图4-26所示。

在After Effects的关键帧动画中，至少需要两个关键帧才能产生作用。第1个关键帧表示动画的初始状态，第2个关键帧表示动画的结束状态，而中间的动态则由计算机通过插值计算得出。在图4-27所示的钟摆动画中，状态1是初始状态，状态9是结束状态，中间的状态2~8是通过计算机插值生成的中间动画状态。

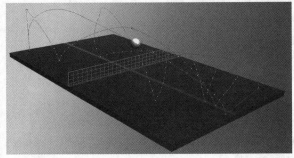 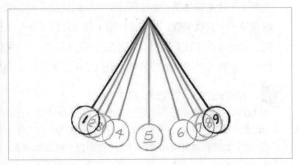

图4-26   图4-27

4.1.3 添加关键帧的方法

在2.3.1节中，粗略介绍了一种快捷添加关键帧的方法，本节将详细讲解添加关键帧的不同方法及其相关操作。

在After Effects中，每个可以制作动画的图层参数前面都有一个"时间变化秒表"按钮，单击该按钮，使其呈高亮状态，就代表给该参数添加了关键帧，如图4-28所示。

图4-28

添加关键帧的方法主要有两种，分别是激活"时间变化秒表"按钮和制作动画曲线关键帧，如图4-29和图4-30所示。

图4-29

图4-30

4.1.4 关键帧导航器

当为图层参数设置了第1个关键帧时，After Effects会显示出关键帧导航器，通过导航器可以方便地从一个关键帧快速跳转到上一个或下一个关键帧，如图4-31所示。也可以通过关键帧导航器来设置或删除关键帧，如图4-32所示。

图4-31

图4-32

重要参数讲解

转到上一个关键帧 ◀：单击该按钮可以跳转到上一个关键帧的位置，快捷键为J键。

转到下一个关键帧 ▶：单击该按钮可以跳转到下一个关键帧的位置，快捷键为K键。

◇：表示当前没有关键帧，单击该按钮可以添加一个关键帧。

◆：表示当前存在关键帧，单击该按钮可以删除当前选择的关键帧。

提示 操作关键帧时需要注意以下3点。

第1点：关键帧导航器是针对当前属性的关键帧进行导航的，而J键和K键是针对画面上展示的所有关键帧进行导航的。

第2点：在"时间轴"面板中选择图层，然后按U可以展开该图层中的所有关键帧属性，再次按U键将取消关键帧属性的显示。

第3点：如果在按住Shift键的同时拖曳当前的时间指示器，那么时间指示器将自动吸附对齐到关键帧上；同理，如果在按住Shift键的同时拖曳关键帧，那么关键帧将自动吸附对齐到当前时间指示器处。

4.1.5 选择关键帧

在选择关键帧时，主要有以下5种情况。

第1种：如果要选取单个关键帧，只需要单击关键帧即可。

第2种：如果要选择多个关键帧，可以在按住Shift键的同时连续单击需要选择的关键帧，也可通过框选来选择需要的关键帧。

第3种：如果要选择图层属性中的所有关键帧，只需单击"时间轴"面板中的图层属性的名字即可。

第4种：如果要选择一个图层中的属性里面数值相同的关键帧，只需要在其中一个关键帧上单击鼠标右键，在弹出的菜单中选择"选择相同关键帧"命令即可，如图4-33所示。

第5种：如果要选择某个关键帧之前或之后的所有关键帧，只需要在该关键帧上单击鼠标右键，在弹出菜单中选择"选择前面的关键帧"命令或"选择跟随关键帧"命令即可，如图4-34所示。

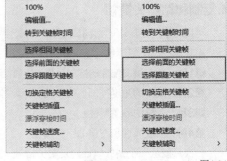

图4-33　　　　　　图4-34

4.1.6 编辑关键帧

编辑关键帧的方法包括设置关键帧数值、移动关键帧、对一组关键帧进行时间整体缩放、复制和粘贴关键帧、删除关键帧。

1.设置关键帧数值

如果要调整关键帧的数值，可以在当前关键帧上双击，然后在打开的对话框中调整相应的数值即可，如图4-35所示。另外，在当前关键帧上单击鼠标右键，在打开的菜单中选择"编辑值"命令也可以调整关键帧数值，如图4-36所示。

图4-35　　　　　　图4-36

2.移动关键帧

选择关键帧后，用鼠标拖曳关键帧就可以移动关键帧的位置，如图4-37所示。如果选择的是多个关键帧，在移动关键帧后，这些关键帧之间的相对位置将保持不变。

图4-37

3.对一组关键帧进行整体时间缩放

同时选择3个以上的关键帧，在按住Alt键的同时用鼠标拖曳第1个或最后1个关键帧，可以对这组关键帧进行整体时间缩放，如图4-38所示。

图4-38

4.复制和粘贴关键帧

可以对不同图层中的相同属性或不同属性（但是需要具备相同的数据类型）的关键帧进行复制和粘贴操作。可以进行互相复制的图层属性包括以下4种。

第1种： 具有相同维度的图层属性，例如"不透明度"和"旋转"属性。

第2种： 效果的角度控制属性和具有滑块控制的图层属性。

第3种： 效果的颜色属性。

第4种： 蒙版属性和图层的空间属性。

一次只能从一个图层属性中复制关键帧。把关键帧粘贴到目标图层的属性中时，被复制的第1个关键帧会出现在目标图层属性的当前时间中。而其他关键帧将以被复制的顺序依次进行排列，粘贴后的关键帧继续处于被选择状态，以方便继续对其进行编辑。复制和粘贴关键帧的步骤如下。

第1步： 在"时间轴"面板中展开需要复制的关键帧属性，如图4-39所示。

第2步： 选择单个或多个关键帧，如图4-40所示。

图4-39

图4-40

第3步： 执行"编辑>复制"菜单命令或按快捷键Ctrl+C，复制关键帧。

第4步： 将时间指示器拖曳到需要粘贴的时间处，如图4-41所示。

第5步： 执行"编辑>粘贴"菜单命令或按快捷键Ctrl+V，粘贴关键帧，如图4-42所示。

图4-41

图4-42

> **提示** 如果复制相同属性的关键帧，那么只需要选择目标图层就可以粘贴关键帧；如果复制的是不同属性的关键帧，就需要选择目标图层的目标属性才能粘贴关键帧。注意，如果粘贴的关键帧与目标图层上的关键帧在同一时间位置，它将覆盖目标图层上原有的关键帧。

5.删除关键帧

删除关键帧的方法主要有以下4种。

第1种： 选择一个或多个关键帧，然后执行"编辑>清除"菜单命令。

第2种： 选择一个或多个关键帧，然后按Delete键进行删除。

第3种：当时间指示器与当前关键帧对齐时，单击"添加或删除关键帧"按钮◇可以删除当前关键帧。

第4种：如果需要删除某个属性中的所有关键帧，只需要选择属性名称（这样就可以选择该属性中的所有关键帧），然后按Delete键或单击"时间变化秒表"按钮 即可。

4.1.7 插值方法

插值就是在两个已知的数据之间以一定的方式插入未知数据，在数字视频制作中就意味着在两个关键帧之间插入新的数值。使用插值方法可以制作出更加自然的动画效果。

常见的插值方法有两种，分别是"线性"插值和"贝塞尔"插值。"线性"插值就是对两个关键帧之间的数据进行平均分配，"贝塞尔"插值是基于贝塞尔曲线的形状来改变数值变化的速度，如图4-43所示。

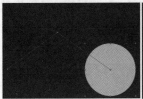

图4-43

要改变关键帧的插值方式，可以选择需要调整的一个或多个关键帧，然后执行"动画>关键帧插值"菜单命令，在"关键帧插值"对话框中进行详细设置，如图4-44所示。

图4-44

1.临时插值

"临时插值"可以对关键帧的进出方式进行设置，从而改变动画的状态，不同的进出方式在关键帧的外观上表现出来的效果是不一样的。当为关键帧设置不同的出入插值方式时，关键帧的外观也会发生变化。临时插值包括的选项如图4-45所示。

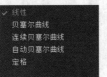

图4-45

重要参数讲解

线性 ：表现为线性的匀速变化。

贝塞尔曲线 ：表现为带有缓起缓停的非匀速变化。

连续贝塞尔曲线 ：自动缓冲速度变化，同时可以影响关键帧的出入速度变化。

自动贝塞尔曲线 ：进出的速度以贝塞尔方式表现出来。

定格 ：入点采用线性方式，出点采用贝塞尔方式。

2.空间插值

空间关键帧会影响路径的形状，当对一个图层应用了"位置"动画时，可以在"合成"面板中对这些位移动画的关键帧进行调节，以改变它们的运动路径的插值方式。常见的运动路径插值方式有以下几种，如图4-46所示。

图4-46

重要参数讲解

线性：关键帧之间表现为直线的运动状态。

贝塞尔曲线：运动路径为光滑的曲线。

连续贝塞尔曲线：这是形成位置关键帧的默认方式。

自动贝塞尔曲线：可以完全自由地控制关键帧两边的手柄，这样可以更加随意地调节运动方式。

3.漂浮

漂浮关键帧主要用来平滑动画。有时关键帧之间的变化比较大，关键帧与关键帧之间的衔接不自然，这时就可以使用漂浮对关键帧进行优化，如图4-47所示。方法是在"时间轴"面板中选择关键帧，单击鼠标右键，在打开的菜单中选择"漂浮穿梭时间"命令。

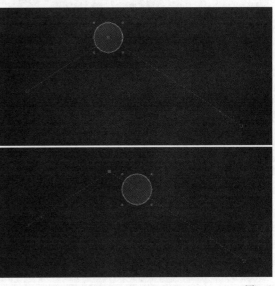

图4-47

4.2 图表编辑器

本节将介绍图表编辑器，请读者掌握编辑器的操作方法和变速剪辑的方法。

本节重点内容

重点内容	说明	重要程度
图表编辑器	修改动画的速度	高

4.2.1 课堂案例：制作图片过渡动画

案例文件　案例文件>CH04>课堂案例：制作图片过渡动画
教学视频　课堂案例：制作图片过渡动画.mp4
学习目标　掌握图表编辑器的编辑方法

本案例需要为两张图片素材添加"缩放"关键帧，形成过渡动画，然后运用"图表编辑器"让动画产生节奏感，如图4-48所示。

图4-48

01 在"项目"面板中导入学习资源"案例文件 > CH04>课堂案例：制作图片过渡动画"文件夹中的素材文件，如图4-49所示。

02 新建1920像素×1080像素的合成，然后将两个素材图片都添加到合成中，如图4-50所示。

图4-49

图4-50

03 将时间指示器移动到0:00:02:00的位置，将02.jpg图层的剪辑起始位置移动到该处，如图4-51所示。

04 选中01.jpg图层，在剪辑的起始位置添加"缩放"关键帧，如图4-52所示。

图4-51

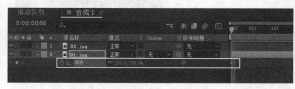

图4-52

05 将时间指示器移动到0:00:00:24的位置，设置"缩放"为"38,38%"，如图4-53所示。效果如图4-54所示。

图4-53

图4-54

06 将时间指示器移动到0:00:01:00的位置,选择02.jpg图层,设置"缩放"为"50,50%",并添加关键帧,如图4-55所示。效果如图4-56所示。

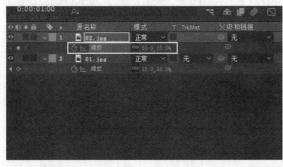

图4-55 图4-56

07 将时间指示器移动到0:00:02:00的位置,设置"缩放"为"100,100%",如图4-57所示。效果如图4-58所示。

图4-57 图4-58

08 选中所有的关键帧,然后按F9键将其转换为"缓动"关键帧,如图4-59所示。预览动画时,就可以观察到图片按照非匀速的方式进行放大和缩小。

09 单击"图表编辑器"按钮⬚,选中两个图层的"缩放"参数,就可以在右侧观察到速度曲线,如图4-60所示。

图4-59

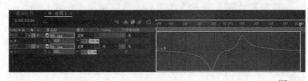

图4-60

10 选中曲线上的关键帧,然后调节控制手柄,使曲线呈现图4-61所示的效果。

图4-61

11 预览动画,可以观察到两张图片在快要切换时,缩放的速度是最快的。在时间轴上截取4帧,案例的最终效果如图4-62所示。

图4-62

4.2.2 图表编辑器功能介绍

无论是时间关键帧还是空间关键帧，都可以使用动画"图表编辑器"来进行精确调整。使用动画关键帧除了可以调整关键帧的数值外，还可以调整关键帧动画的出入方式。选择图层中应用了关键帧的属性名，然后单击"时间轴"面板中的"图表编辑器"按钮，打开图表编辑器，如图4-63所示。

图4-63

重要参数讲解

选择具体显示在图表编辑器中的属性：长按此按钮，在弹出的菜单中可以选择显示的属性，如图4-64所示。

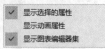

图4-64

选择图表类型和选项：长按此按钮，在弹出的菜单中可以选择不同的曲线类型，如图4-65所示。

> **提示** 日常制作中常用的是"编辑值图表"和"编辑速度图表"。

图4-65

使选择适于查看：单击此按钮后，会使选择属性的曲线在编辑器面板中最大化显示。

使所有适于查看：单击此按钮后，会使所有添加关键帧属性的曲线在编辑器面板中最大化显示。

单独尺寸：单击该按钮后，可以单独编辑参数的坐标轴曲线。图4-66所示的是单独编辑"位置"参数的"X位置"和"Y位置"曲线效果。

图4-66

编辑选定的关键帧：长按此按钮，在弹出的菜单中可以编辑关键帧的相关属性，如图4-67所示。

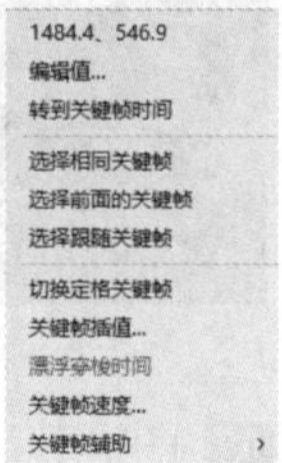

将选定的关键帧转换为定格：单击此按钮，选中的关键帧会变成单帧效果。

将选定的关键帧转换为"线性"：单击此按钮，选中的关键帧会变成斜率一致的直线，动画呈匀速运动。

将选定的关键帧转换为自动贝塞尔曲线：单击此按钮，选中的关键帧会变成带贝塞尔控制手柄的曲线，动画呈加速或减速运动。

图4-67

缓动：单击此按钮，关键帧两侧的曲线会变成贝塞尔曲线。

缓入：单击此按钮，关键帧左侧的曲线会变成贝塞尔曲线。

缓出：单击此按钮，关键帧右侧的曲线会变成贝塞尔曲线。

4.2.3 变速剪辑

在After Effects中，可以很方便地对素材进行变速剪辑操作。在"图层>时间"菜单下提供了4个对时间进行变速的命令，如图4-68所示。

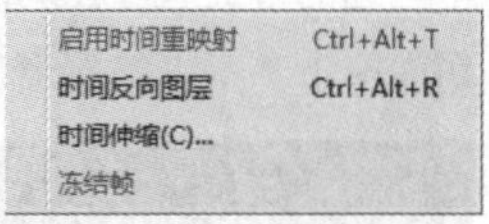

图4-68

重要参数讲解

启用时间重映射：这个命令的功能非常强大，它差不多包含下面3个命令的所有功能。

时间反向图层：对素材进行回放操作。

时间伸缩：对素材进行均匀变速操作。

冻结帧：对素材进行定帧操作。

4.3 预合成

本节将介绍预合成的操作方法。使用预合成可以将多个图层在合成中合并为一个新的合成，便于管理和操作。

本节重点内容

重点内容	说明	重要程度
预合成	对图层进行成组管理	高
折叠变换/连续栅格化	继承原始合成的分辨率	高

4.3.1 课堂案例：制作进度条加载动画

案例文件　案例文件>CH04>课堂案例：制作进度条加载动画

教学视频　课堂案例：制作进度条加载动画.mp4

学习目标　掌握预合成的操作方法

本案例需要将相关的图层转换为预合成，再添加相应的滤镜效果，如图4-69所示。

图4-69

01 在"项目"面板中导入学习资源"案例文件 > CH04>课堂案例：制作进度条加载动画"文件夹中的素材文件，如图4-70所示。

图4-70

02 将"背景.mp4"图层向下拖曳到"时间轴"面板中生成合成，如图4-71所示。效果如图4-72所示。

图4-71　　　　　　　　　　　　　　　　　　　　　　　　图4-72

03 将"圆圈.mov"素材文件添加到合成中，放在顶层，如图4-73所示。效果如图4-74所示。

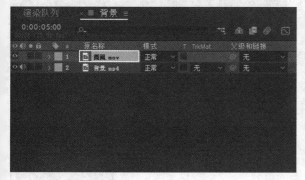

图4-73　　　　　　　　　　　　　　　　　　　　　　　　图4-74

04 将"进度条.mov"素材文件添加到合成中，放在顶层，如图4-75所示。效果如图4-76所示。

图4-75

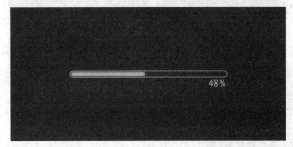

图4-76

05 在"效果和预设"面板中搜索"颜色键"效果，双击将其添加到"进度条.mov"图层上，然后在"效果控件"面板中设置"主色"为黑色，"颜色容差"为"255"，如图4-77所示。这样就可以抠掉黑色背景了，效果如图4-78所示。

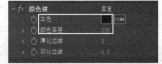

图4-77

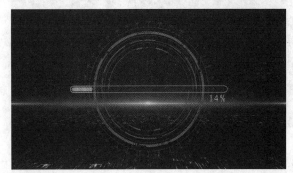

图4-78

06 选中"进度条.mov"图层，按S键调出"缩放"参数，设置"缩放"为"40,40%"，如图4-79所示。效果如图4-80所示。

图4-79

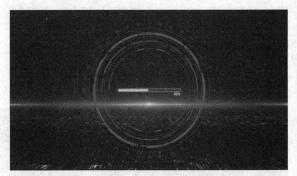

图4-80

07 将时间指示器移动到0:00:02:00的位置，此时圆圈完全显示在画面中，然后将"进度条.mov"图层的剪辑起始位置移动到该处，如图4-81所示。

图4-81

08 选中"进度条.mov"图层和"圆圈.mov"图层，然后按快捷键Ctrl+Shift+C将它们转换为预合成，在弹出的对话框中选择图4-82所示的选项。

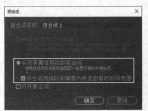

图4-82

> **提示** 读者可以修改预合成的名称，也可以保持默认。

09 转换为预合成后，原有的两个图层由"预合成1"代替，如图4-83所示。

图4-83

10 保持"预合成1"选中状态，在"效果和预设"面板中搜索"发光"效果，如图4-84所示，双击将其添加到"预合成1"上。

图4-84

11 在"效果控件"面板中设置"发光基于"为"Alpha通道","发光阈值"为"60%","发光半径"为"15","颜色A"为浅青色,"颜色B"为青色,如图4-85所示。效果如图4-86所示。

12 在时间轴上截取4帧,案例最终效果如图4-87所示。

图4-85　　　　　　　　　　　　　　图4-86

图4-87

4.3.2 预合成的转换方法

预合成是一个非常灵活的功能,可以对图层进行成组管理,也可以将需要添加相同效果的图层进行合并,还可以作为素材被多次使用。

选中需要转换为预合成的图层后,按快捷键Ctrl+Shift+C就可以打开"预合成"对话框,如图4-88所示。

图4-88

重要参数讲解

新合成名称:设置预合成的名称,方便识别和管理。

保留"合成1"中的所有属性:这个选项以素材本身大小作为预合成的大小,素材上做的所有效果都会留在外面,且只能作用于单个素材。

将所有属性移动到新合成:这个选项以当前合成的大小作为预合成的大小,单个或多个素材的各种效果都会被包含进去。大部分情况下都会选择这个选项。

将合成持续时间调整为所选图层的时间范围:勾选该选项后,预合成的时长与所选图层的时长相同。

4.3.3 折叠变换/连续栅格化

在转换为预合成后,如果不继承原始合成项目的分辨率,那么在对被嵌套合成制作"缩放"之类的动画时有可能产生马赛克效果,这时就需要开启"折叠变换/连续栅格化"功能,该功能可以提高图层分辨率,使图层画面清晰。

如果要开启"折叠变换/连续栅格化"功能,可在"时间轴"面板的图层开关栏中单击"折叠变换/连续栅格化"按钮，如图4-89所示。

图4-89

> **提示** 使用"折叠变换/连续栅格化"功能的3点优势如下。
> **第1点**:可以继承"变换"属性,开启"折叠变换/连续栅格化"功能可以在嵌套的更高级别的合成项目中提高分辨率。
> **第2点**:当图层中包含Adobe Illustrator制作的文件时,开启"折叠变换/连续栅格化"功能可以提高素材的质量。
> **第3点**:在一个预合成中使用三维图层时,如果没有开启"折叠变换/连续栅格化"功能,那么在预合成中对属性进行变换时,低一级的三维图层会成为平面素材;如果开启了"折叠变换/连续栅格化"功能,那么低一级的合成项目中的三维图层将作为一个三维图层引入到预合成中。

4.4 课堂练习：制作动态水墨画

实例文件　实例文件>CH04>课堂练习：制作动态水墨画
教学视频　课堂练习：制作动态水墨画.mp4
学习目标　掌握关键帧动画的制作方法

本练习要为图层添加位置属性的关键帧，制作小船和飞鸟的位移动画，如图4-90所示。

图4-90

操作提示

第1步：导入学习资源文件夹中的PSD素材文件。

第2步：为小船和飞鸟的图层添加"位置"关键帧。

4.5 课后习题：制作动态Logo

实例文件　实例文件>CH04>课后习题：制作动态Logo
教学视频　课后习题：制作动态Logo.mp4
学习目标　掌握关键帧动画的制作方法

本习题需要为文字和边框的素材图层添加不同属性关键帧，效果如图4-91所示。

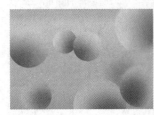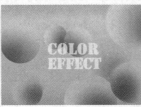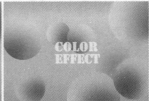

图4-91

操作提示

第1步：导入学习资源文件夹中的PSD素材文件。

第2步：为文字图层添加"缩放"关键帧，并调整速度曲线。

第3步：为边框图层添加"不透明度"关键帧。

第5章

蒙版与轨道遮罩

蒙版可以控制图层显示的区域，生成一些复杂的动画效果。轨道遮罩则用于在图层之间通过Alpha通道或是亮度通道形成的不同显示效果。

课堂学习目标

- 掌握蒙版的使用方法
- 掌握轨道遮罩的使用方法

5.1 蒙版

在进行项目合成的时候，由于有的素材本身不具备Alpha通道信息，因而无法通过常规的方法将这些素材合成到镜头中，此种情况可以通过创建蒙版来建立透明的区域。

本节重点内容

重点内容	说明	重要程度
蒙版	创建和修改蒙版	高
蒙版属性	蒙版的羽化和不透明度等	高
蒙版混合模式	不同蒙版间的混合方式	中

5.1.1 课堂案例：制作文字显示动画

案例文件　案例文件>CH05>课堂案例：制作文字显示动画
教学视频　课堂案例：制作文字显示动画.mp4
学习目标　掌握蒙版的操作方法

本案例使用"椭圆工具" ◎制作蒙版动画，效果如图5-1所示。

图5-1

01 在"项目"面板中导入学习资源"案例文件 > CH05>课堂案例：制作文字显示动画"文件夹中的素材文件，如图5-2所示。

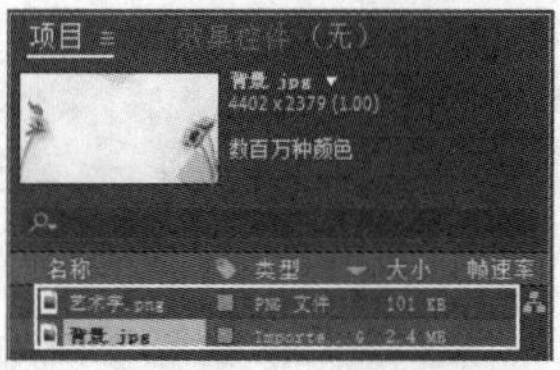

图5-2

02 选中"背景.jpg"素材文件拖曳到"时间轴"面板中，生成合成，如图5-3所示。效果如图5-4所示。

图5-3

03 将"艺术字.png"素材文件添加到"时间轴"面板中，放在顶层，如图5-5所示。效果如图5-6所示。

图5-5

图5-4

图5-6

04 选中"艺术字.png"图层,按S键调出"缩放"参数,设置"缩放"为"200,200%",如图5-7所示。效果如图5-8所示。

图5-7

图5-8

05 保持"艺术字.png"图层选中的情况下,使用"椭圆工具"在文字上绘制一个圆形蒙版,如图5-9所示。效果如图5-10所示。

图5-9

图5-10

06 在剪辑的起始位置设置"蒙版扩展"为"－500像素",并添加关键帧,如图5-11所示。效果如图5-12所示。

图5-11

图5-12

07 将时间指示器移动到0:00:01:00的位置,设置"蒙版扩展"为"0像素",如图5-13所示。效果如图5-14所示。

图5-13

图5-14

08 预览动画,会发现蒙版的边缘很整齐,动画显得比较死板,如图5-15所示。

图5-15

09 设置"蒙版羽化"为"100,100像素",如图5-16所示。
效果如图5-17所示。

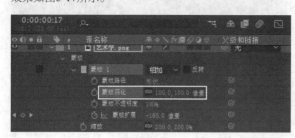

图5-16

图5-17

10 在时间轴上截取4帧,案例最终效果如图5-18所示。

图5-18

5.1.2 蒙版的创建与修改

创建蒙版的方法比较多,但在实际工作中主要使用以下方法。

1.形状工具

使用形状工具创建蒙版的方法很简单,但软件提供的可选择的形状工具比较有限。使用形状工具创建蒙版的步骤如下。

第1步:在"时间轴"面板中选中需要创建蒙版的图层。

第2步:选择合适的形状工具,如图5-19所示。

第3步:保持对形状工具的选择,在"合成"面板或"图层"面板中使用鼠标拖曳就可以创建出蒙版,如图5-20所示。

图5-19

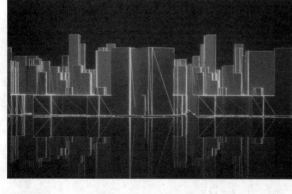

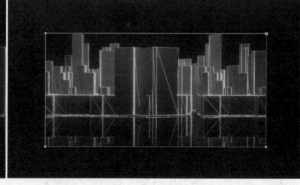

图5-20

> **提示** 在选择好的形状工具上双击,就可以在当前图层中自动创建一个最大的蒙版。
> 在"合成"面板中,按住Shift键的同时使用形状工具可以创建出等比例的蒙版形状。例如,使用"矩形工具" ▣ 可以创建出正方形的蒙版,使用"椭圆工具" ◉ 可以创建出圆形的蒙版。
> 如果在创建蒙版时按住Ctrl键,可以创建一个以按下鼠标左键确定的第1个点为中心的蒙版。

2.钢笔工具

在"工具"面板中按住"钢笔工具" 数秒，可以在打开的菜单中进行选择来切换工具，如图5-21所示。使用"钢笔工具" 可以创建任意形状的蒙版，要注意必须使蒙版成为闭合的状态。

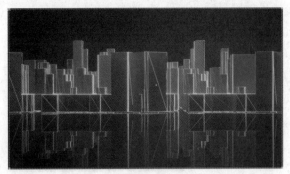

图5-21

使用"钢笔工具" 创建蒙版的步骤如下。

第1步：在"时间轴"面板中选择需要创建蒙版的图层。

第2步：选择"钢笔工具" ，在"合成"面板或"图层"面板中单击确定第1个点，然后按想要绘制的形状继续单击鼠标，直到绘制出一个闭合的贝塞尔曲线，如图5-22所示。

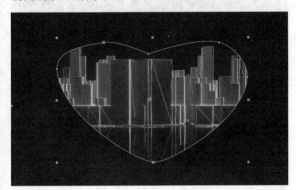

图5-22

提示 在使用"钢笔工具" 创建曲线的过程中，如果需要在闭合的曲线上添加点，可以使用"添加顶点工具" ；如果需要在闭合的曲线上减少点，可以使用"删除顶点工具" ；如果需要对曲线的点进行贝塞尔控制调节，可以使用"转换顶点工具" ；如果需要对创建的曲线进行羽化，可以使用"蒙版羽化工具" 。

3."新建蒙版"命令

可以使用"新建蒙版"命令创建蒙版，也可以使用蒙版工具创建蒙版。蒙版的形状都比较单一。使用"新建蒙版"命令创建蒙版的步骤如下。

第1步：在"时间轴"面板中选择需要创建蒙版的图层。

第2步：执行"图层>蒙版>新建蒙版"菜单命令，可以创建一个与图层大小一致的矩形蒙版，如图5-23所示。

图5-23

第3步：如果需要对蒙版进行调节，可以使用"选取工具" 选中蒙版，然后执行"图层>蒙版>蒙版形状"菜单命令，打开"蒙版形状"对话框，在该对话框中可以对蒙版的位置、单位和形状进行调节，如图5-24所示。

图5-24

提示 可以在"重置为"下拉列表中选择"矩形"和"椭圆"两种形状的蒙版样式。

4.自动追踪命令

执行"图层>自动追踪"菜单命令，可以根据图层的Alpha、红、绿、蓝和亮度信息来自动生成路径蒙版，如图5-25所示。

图5-25

执行"图层>自动追踪"菜单命令将会打开"自动追踪"对话框，如图5-26所示。

图5-26

重要参数讲解

当前帧：只对当前帧进行自动跟踪。

工作区：对整个工作区进行自动跟踪，使用这个选项可能需要花费一定的时间来生成蒙版。

通道：选择作为自动跟踪蒙版的通道，共有"Alpha""红色""绿色""蓝色""明亮度"5个选项。

反转：选择该选项后，可以反转蒙版的方向。

模糊：在自动跟踪蒙版之前，对原始画面进行虚化处理，这样可以使跟踪蒙版的结果更加平滑。

容差：设置容差范围，可以判断误差和界限的范围。

最小区域：设置蒙版的最小区域值。

阈值：设置蒙版的阈值范围。高于该阈值的区域为不透明区域，低于该阈值的区域为透明区域。

圆角值：设置跟踪蒙版的拐点处的圆滑程度。

应用到新图层：选择此选项时，最终创建的跟踪蒙版路径将保存在一个新建的纯色图层中。

预览：选择该选项时，可以预览设置的结果。

5.蒙版的其他创建方法

在After Effects中，还可以通过复制Adobe Illustrator和Adobe Photoshop的路径来创建蒙版，这对于创建一些规则的蒙版或有特殊结构的蒙版非常有用。

5.1.3 蒙版的属性

在"时间轴"面板中连续按两次M键可以展开蒙版的所有属性，如图5-27所示。

图5-27

重要参数讲解

蒙版路径：设置蒙版的路径范围和形状，也可以为蒙版节点制作关键帧动画。

反转：该选项用于反选蒙版的路径范围和形状，反选前后的效果如图5-28所示。

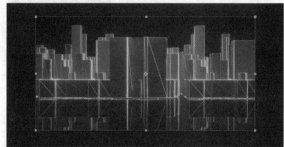

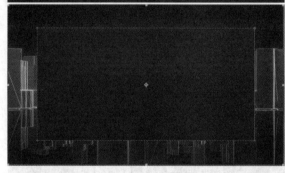

图5-28

蒙版羽化：设置蒙版边缘的羽化效果，这样可以使蒙版边缘与底层图像完美地融合在一起，如图5-29所示。单击"锁定"按钮，将其设置为"解锁"状态后，可以分别对蒙版的x轴和y轴进行羽化。

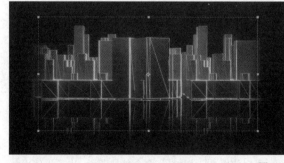

图5-29

蒙版不透明度：设置蒙版的透明程度，如图5-30所示。

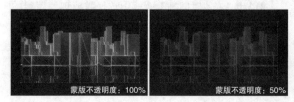

图5-30

蒙版扩展：调整蒙版的扩展程度。正值为扩展蒙版区域，负值为收缩蒙版区域，如图5-31所示。

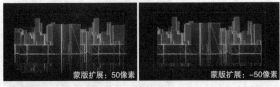

图5-31

5.1.4 蒙版的混合模式

当一个图层中具有多个蒙版时，可以通过选择各种混合模式来使蒙版之间产生叠加效果，如图5-32所示。蒙版的排列顺序对最终的叠加结果有很大影响，After Effects处理蒙版的顺序是按照蒙版的排列顺序，从上往下依次进行处理的，也就是说先处理最上面的蒙版及其叠加效果，再将结果与下面的蒙版和混合模式进行计算。另外，"蒙版不透明度"也是需要考虑的必要因素之一。

图5-32

重要参数讲解

无：选择"无"模式时，路径将不作为蒙版使用，而是作为路径存在，如图5-33所示。

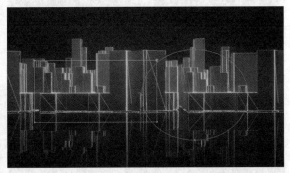

图5-33

相加：将当前的蒙版区域与其上面的蒙版区域进行相加处理，如图5-34所示。

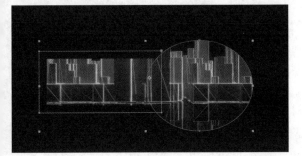

图5-34

相减：将当前蒙版上面的所有蒙版的组合结果进行相减处理，如图5-35所示。

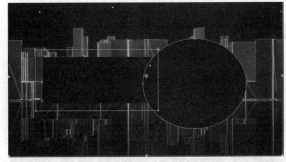

图5-35

交集：只显示当前蒙版与上面所有蒙版的组合结果相交的部分，如图5-36所示。

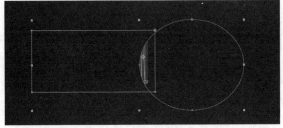

图5-36

变亮："变亮"模式与"加法"模式近似，不同之处是对于蒙版重叠处的不透明度采用不透明度较高的值，如图5-37所示。

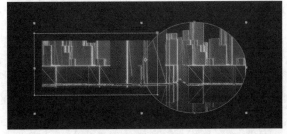

图5-37

变暗："变暗"模式与"相交"模式近似，不同之处是对于蒙版重叠处的不透明度采用不透明度较低的值，如图5-38所示。

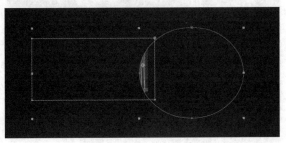

图5-38

差值： 采取并集减去交集的方式，就是先将所有蒙版的组合进行并集运算，然后将所有蒙版组合的相交部分进行相减运算，如图5-39所示。

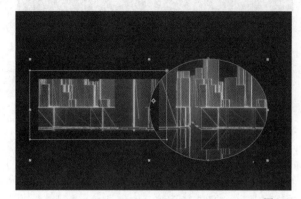

图5-39

5.2 轨道遮罩

"轨道遮罩"属于一种特殊的蒙版类型，它可以将一个图层的Alpha信息或亮度信息作为另一个图层的透明度信息，同样可以完成建立图像透明区域或限制图像局部显示的工作。当有特殊要求时（如在运动的文字轮廓内显示图像），可以通过"轨道遮罩"来完成镜头的制作。

本节重点内容

重点内容	说明	重要程度
轨道遮罩	图层之间形成遮罩关系	高

5.2.1 课堂案例：制作遮罩过场动画

案例文件	案例文件>CH05>课堂案例：制作遮罩过场动画
教学视频	课堂案例：制作遮罩过场动画.mp4
学习目标	掌握轨道遮罩的操作方法

本案例使用遮罩素材将两段视频进行拼接，形成复杂的过渡效果，如图5-40所示。

图5-40

01 在"项目"面板中导入学习资源"案例文件 > CH05>课堂案例：制作遮罩过场动画"文件夹中的素材文件，如图5-41所示。

图5-41

02 新建1920像素×1080像素的合成，然后将素材文件添加到"时间轴"面板中，如图5-42所示。效果如图5-43所示。

图5-42

图5-43

03 将时间指示器移动到0:00:01:00的位置，然后将"遮罩.mov"的起始位置移动到该处，如图5-44所示。

图5-44

04 选中"01.mp4"图层，然后设置"轨道遮罩"为"Alpha遮罩'遮罩.mov'"，如图5-45所示。

图5-45

05 移动时间指示器会发现在前1秒内，"01.mp4"图层的画面会消失，显示下方"02.mp4"图层的内容，如图5-46所示。

06 移动时间指示器到1秒后的剪辑上，会观察到"01.mp4"图层的内容按照遮罩图层的模式显示，如图5-47所示。

图5-46   图5-47

> **提示** 在"遮罩.mov"图层的画面中，黑色部分会显示"02.mp4"图层的内容，而白色部分则显示"01.mp4"图层的内容。

07 在时间轴上截取4帧，案例最终效果如图5-48所示。

图5-48

5.2.2 轨道遮罩的类型

轨道遮罩有两种类型，一种是Alpha遮罩，另一种是亮度遮罩，如图5-49所示。

> ● 没有轨道遮罩
>
> Alpha 遮罩"GoldParticles_[000-091].jpg"
> Alpha 反转遮罩"GoldParticles_[000-091].jpg"
> 亮度遮罩"GoldParticles_[000-091].jpg"
> 亮度反转遮罩"GoldParticles_[000-091].jpg"

图5-49

重要参数讲解

没有轨道遮罩：不创建透明度，上方的图层充当普通图层。

Alpha遮罩：将蒙版图层的Alpha通道信息作为最终显示图层的蒙版参考，如图5-50所示。

图5-50

Alpha反转遮罩：与Alpha遮罩的结果相反，如图5-51所示。

图5-51

亮度遮罩：将蒙版图层的亮度信息作为最终显示图层的蒙版参考，如图5-52所示。

图5-52

亮度反转遮罩：与亮度遮罩的结果相反，如图5-53所示。

图5-53

5.2.3 轨道遮罩的用法

加载轨道遮罩的方法很简单，下面讲解详细步骤。

第1步：将遮罩图层放在原有图层的上方，如图5-54所示。效果如图5-55所示。

图5-54

图5-55

第2步：选中原有的图层，然后在"轨道遮罩"的下拉菜单中选择需要的遮罩类型，如图5-56所示。

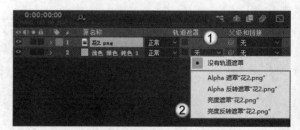

图5-56

第3步：选中需要的轨道遮罩类型后，就能在画面中观察到添加遮罩后的效果，如图5-57和图5-58所示。

图5-57

图5-58

提示 使用"轨道遮罩"时，蒙版图层必须位于最终显示图层的上一图层，并且在应用了轨道遮罩后，要关闭蒙版图层的可视性，如图5-59所示。另外，在移动图层顺序时一定要将蒙版图层和最终显示的图层一起进行移动。

图5-59

5.3 课堂练习：制作水墨晕染视频

案例文件 案例文件>CH05>课堂练习：制作水墨晕染视频
教学视频 课堂练习：制作水墨晕染视频.mp4
学习目标 掌握轨道遮罩的使用方法

本练习需要将水墨晕染视频作为图片的亮度遮罩，效果如图5-60所示。

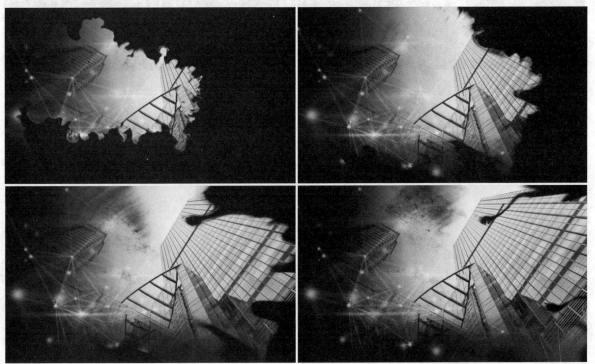

图5-60

操作提示

第1步：导入"案例文件 > CH05>课堂练习：制作水墨晕染视频"文件夹中的素材文件。

第2步：新建一个黑色的纯色图层，然后将水墨通道素材作为黑色图层的"亮度遮罩"。

5.4 课后习题：制作文字遮罩动画

案例文件　案例文件>CH05>课后习题：制作文字遮罩动画
教学视频　课后习题：制作文字遮罩动画.mp4
学习目标　掌握轨道遮罩的使用方法

本习题使用文字素材作为轨道遮罩，制作一个遮罩动画，如图5-61所示。

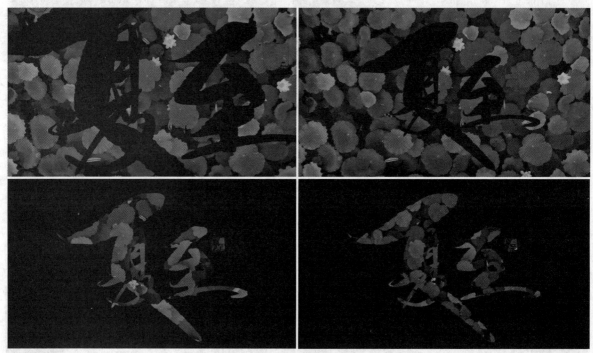

图5-61

操作提示

第1步： 导入学习资源"案例文件 > CH05>课后习题：制作文字遮罩动画"文件夹中的素材文件。

第2步： 为文字图层添加缩放动画，并作为背景图层的Alpha遮罩。

第6章

绘画与形状

本章主要讲解笔刷和形状工具的相关属性及具体应用。矢量绘画工具（画笔）是以Photoshop的画笔工具为基础的，可以对素材进行润色、逐帧加工，甚至创建新的元素。形状工具的升级与优化为影片制作提供了无限的可能，尤其是形状组中的颜料属性和路径变形属性。

课堂学习目标

- 熟悉常用的绘画工具
- 掌握常用形状工具的用法
- 掌握"钢笔工具"的用法

6.1 绘画的应用

After Effects中提供的绘画工具是以Photoshop的绘画工具为基础的,可以对指定的素材进行润色、逐帧加工,甚至创建新的图像元素。在使用绘画工具进行创作时,每一步的操作都可以被记录成动画,并能实现动画的回放。使用绘画工具还可以制作出一些独特的、样式丰富的图案或花纹。

在After Effects中,绘画类工具包括"画笔工具"、"仿制图章工具"和"橡皮擦工具",如图6-1所示。

图6-1

本节重点内容

重点内容	说明	重要程度
"绘画"面板与"画笔"面板	调整画笔的颜色和样式等属性	高
画笔工具	绘制任意形状	高
仿制图章工具	复制源图层中的信息	中
橡皮擦工具	擦除图层上的图像或笔刷	中

6.1.1 课堂案例：制作手绘涂鸦视频

案例文件	案例文件>CH06>课堂案例：制作手绘涂鸦视频
教学视频	课堂案例：制作手绘涂鸦视频.mp4
学习目标	掌握绘画工具的使用方法

本案例使用"画笔工具"在素材上绘制一些涂鸦样式,效果如图6-2所示。

图6-2

01 新建1920像素×1080像素的合成,然后导入学习资源"案例文件>CH06>课堂案例：制作手绘涂鸦视频"文件夹中的素材文件,如图6-3所示。

图6-3

02 将素材文件拖曳到"时间轴"面板中,并双击素材图层打开"图层"面板,如图6-4所示。

图6-4

> **提示** "画笔工具"只能在"图层"面板中使用,在"合成"面板中无法进行绘制。

03 选中"画笔工具",在"画笔"面板中设置"直径"为"10像素",在"绘画"面板中设置"时长"为"单帧",如图6-5和图6-6所示。

图6-5   图6-6

04 使用"画笔工具"在"图层"面板上绘制线条,如图6-7所示。

图6-7

> **提示** 线条的样式可自行发挥,案例中的样式仅供参考。

05 按Ctrl+→快捷键，可以自动移动到下一帧，此时画面刷新，画面中没有绘制的线条，如图6-8所示。

06 使用"画笔工具"继续在画面中绘制线条，效果如图6-9所示。

图6-8 图6-9

> **提示** 如果要改变笔刷的直径，可以按住Ctrl键的同时在"图层"面板中拖曳鼠标。按住Shift键的同时使用"画笔工具"
> 可以继续在之前绘制的笔触效果上进行绘制。注意，如果没有在之前的笔触上进行绘制，那么按住Shift键可以绘制出直线笔触
> 效果。连续按两次P键可以在"时间轴"面板中展开已经绘制好的各种笔触的列表。

07 按照步骤04~步骤06的方法，继续绘制23帧画面，形成1秒长度的动画，如图6-10所示。

图6-10

08 返回"合成"面板，就可以观察到画面的最终效果。在时间轴上截取4帧，案例最终效果如图6-11所示。

图6-11

6.1.2 "绘画"面板与"画笔"面板

本小节主要介绍"绘画"面板和"画笔"面板的设置方法，这部分主要讲解相关参数设置，请读者注意理解。

1."绘画"面板

"绘画"面板主要用来设置绘画工具的笔刷不透明度、流量、混合模式、通道和持续时间等。每个绘画工具的"绘画"面板都具有一些共同的特征，如图6-12所示。

图6-12

重要参数讲解

不透明：对于"画笔工具" 和 "仿制图章工具" ，该属性主要用来设置画笔笔刷和"仿制图章工具"的最大不透明度；对于"橡皮擦工具" ，该属性主要用来设置擦除图层颜色的最大量。

流量：对于"画笔工具" 和 "仿制图章工具" ，该属性主要用来设置笔画的流量；对于"橡皮擦工具" ，该属性主要用来设置擦除像素的速度。

> **提示** "不透明"和"流量"这两个参数很容易混淆，在这里简单讲解一下这两个参数的区别。
>
> "不透明"参数主要用来设置绘制区域所能达到的最大不透明度，如果设置其值为50%，那么不管以后经过多少次绘画操作，笔刷的最大不透明度都只能达到50%。
>
> "流量"参数主要用来设置涂抹时的流量，如果在同一个区域不断地使用绘画工具进行涂抹，其不透明度值会不断地进行叠加。理论上来说，最终不透明度可以接近100%。

模式：设置画笔笔刷或"仿制图章工具"的混合模式，这与图层的混合模式是相同的。

通道：设置绘画工具影响的图层通道。如果选择Alpha通道，那么绘画工具只影响图层的透明区域。

> **提示** 使用黑色的"画笔工具" 在Alpha通道中绘制，相当于使用"橡皮擦工具" 擦除图像。

时长：设置笔刷的持续时间，共有以下4个选项。

» **固定**：使笔刷在整个绘制过程中都能显示出来。

» **写入**：根据手写的速度再现手写动画的过程。其原理是自动产生"开始"和"结束"关键帧，可以在"时间轴"面板中对图层绘画属性的"开始"和"结束"关键帧进行设置。

» **单帧**：仅显示当前帧的笔刷。

» **自定义**：自定义笔刷的持续时间。

2. "画笔"面板

对于绘画而言，选择和使用笔刷是非常重要的。在"画笔"面板中可以选择绘画工具预设的一些笔刷，也可以通过修改笔刷的参数值来快捷地设置笔刷的尺寸、角度和边缘羽化等属性，如图6-13所示。

图6-13

重要参数讲解

直径：设置笔刷的直径，单位为像素。图6-14所示为使用不同直径的笔刷的绘画效果。

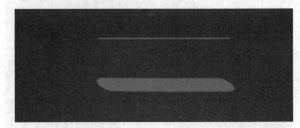

图6-14

角度：设置椭圆形笔刷的旋转角度，单位为度。图6-15所示为笔刷旋转角度为45°和–45°时的绘画效果。

图6-15

圆度：设置笔刷形状的长轴和短轴的比例。其中圆形笔刷为100%，线形笔刷为0%，介于0%～100%的笔刷为椭圆形笔刷，如图6-16所示。

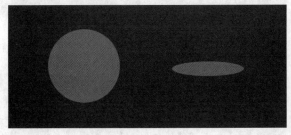

图6-16

硬度：设置画笔中心硬度的大小。该值越小，画笔的边缘越柔和，如图6-17所示。

图6-17

间距：设置笔迹的间隔距离（鼠标的绘图速度也会影响笔迹的间距），如图6-18所示。

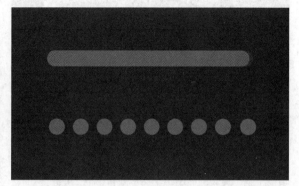

图6-18

画笔动态：当使用手绘板进行绘画时，该属性可以用来设置对手绘板的压力感应。

6.1.3 画笔工具

使用"画笔工具" ✓可以在当前图层的"图层"面板中进行绘制，如图6-19所示。

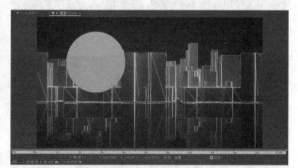

图6-19

使用"画笔工具" ✓进行绘制的基本流程如下。

第1步：在"时间轴"面板中双击要进行绘制的图层，此时会打开"图层"面板。

第2步：在"工具"面板中选择"画笔工具" ✓，然后单击"工具"面板中间的"切换绘画面板"按钮，打开"绘画"面板和"画笔"面板。

> **提示** 如果在"工具"面板中选择了"自动打开面板"选项，那么在"工具"面板中选择"画笔工具" ✓时，After Effects会自动打开"绘画"面板和"画笔"面板。

第3步：在"画笔"面板中选择预设的笔刷或自定义笔刷的形状。

第4步：在"绘画"面板中设置好画笔的颜色、不透明度、流量及混合模式等参数。

第5步：使用"画笔工具" ✓在图层预览窗口中进行绘制，松开鼠标左键即可完成一个笔触效果，并且每次绘制的笔触效果都会在图层的绘画属性栏中以列表的形式显示出来，如图6-20所示。

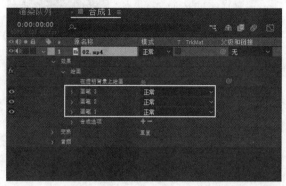

图6-20

6.1.4 仿制图章工具

"仿制图章工具" 是对源图层中的像素进行取样，然后将取样的像素直接复制到目标图层中。也可以将某一时间、某一位置的像素复制并应用到另一时间的另一位置中。在这里，目标图层可以是同一个合成中的其他图层，也可以是源图层自身。在使用"仿制图章工具" 前需要设置"绘画"参数和"笔刷"参数，在仿制操作完成后可以在"时间轴"面板的"仿制"属性中制作动画。图6-21所示为"仿制图章工具" 的特有参数。

图6-21

重要参数讲解

预设：仿制图像的预设选项，共有5种。

源：选择仿制的源图层。

已对齐：设置不同笔画采样点的仿制位置的对齐方式。

锁定源时间：控制是否只复制单帧画面。

偏移：设置取样点的位置。

源时间转移：设置源图层的时间偏移量。

仿制源叠加：设置源画面与目标画面的叠加混合程度。

> **提示** 选择"仿制图章工具" ，然后在"图层"面板中按住Alt键对采样点进行取样，设置好的采样点会自动显示在"偏移"中。

6.1.5 橡皮擦工具

使用"橡皮擦工具"■可以擦除图层上的图像或笔刷，还可以选择仅擦除当前的笔刷。选择该工具后，在"绘画"面板中可以设置擦除图像的模式，如图6-22所示。

图6-22

重要参数讲解

图层源和绘画：擦除源图层中的像素和绘画笔刷效果。

仅绘画：仅擦除绘画笔刷效果。

仅最后描边：仅擦除之前的绘画笔刷效果。如果设置为擦除源图层像素或笔刷，那么擦除像素的每个操作都会在"时间轴"面板的"绘画"属性中留下记录，这些擦除记录对擦除的素材没有任何破坏性，可以对记录进行删除、修改或是改变擦除顺序等操作。

> **提示** 如果当前正在使用"画笔工具"■绘画，要想将"画笔工具"■切换为"橡皮擦工具"■的"仅最后描边"擦除模式，可以按快捷键Ctrl+Shift。

6.2 形状的应用

使用After Effects中的形状工具可以很容易地绘制出矢量图形，并且可以为这些形状制作动画效果。形状工具的升级与优化为影片制作提供了无限的可能，尤其是形状组中的颜料属性和路径变形属性。

本节重点内容

重点内容	说明	重要程度
形状工具	绘制特定的形状	高
钢笔工具	绘制任意形状	高

6.2.1 课堂案例：制作动态登录页面

案例文件	案例文件>CH06>课堂案例：制作动态登录页面
教学视频	课堂案例：制作动态登录页面.mp4
学习目标	学习"圆角矩形工具""钢笔工具""修剪路径"的用法

本案例需要做一个动态的登录页面，需要用到"圆角矩形工具"■、"钢笔工具"■和"修剪路径"属性等，效果如图6-23所示。

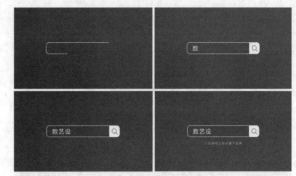

图6-23

01 新建1920像素×1080像素的合成，然后使用"圆角矩形工具"■在画面中绘制一个圆角矩形，设置"大小"为"1000,150"，"圆度"为"40"，"描边宽度"为"5"，如图6-24所示。效果如图6-25所示。

图6-24

图6-25

02 在绘制的矩形上添加"修剪路径"属性，在剪辑的起始位置设置"开始"为"100%"，"偏移"为"0x+0°"，并添加两个属性的关键帧，如图6-26所示。

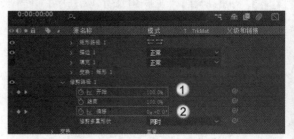

图6-26

03 在0:00:01:00的位置设置"开始"为"0%","偏移"为"0x－50°",如图6-27所示。动画效果如图6-28所示。

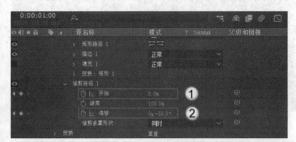

图6-27

图6-28

04 使用"钢笔工具" 在右侧绘制一个实心的矩形,效果如图6-29所示。然后将该图层放在"形状图层1"的下方,如图6-30所示。

图6-29

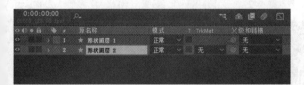

图6-30

05 将"形状图层2"的锚点移动到右侧边缘,如图6-31所示。

图6-31

06 选中"形状图层2"并按S键调出"缩放"属性,在0:00:01:00的位置设置"缩放"为"0%,100%",然后添加关键帧,如图6-32所示。

图6-32

07 在0:00:01:10的位置设置"缩放"为"110%,100%",如图6-33所示。

图6-33

08 将关键帧转换为"缓动",然后调整其速度曲线,如图6-34所示。

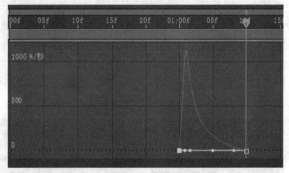

图6-34

09 在"项目"面板中导入学习资源文件夹中的"放大镜.png"素材文件,然后将其添加到"形状图层2"上方并将其缩小,如图6-35所示。

图6-35

10 将"放大镜.png"图层作为下方"形状图层2"的Alpha反转遮罩，如图6-36所示。效果如图6-37所示。

图6-36

图6-37

11 新建"文本"图层，并将其放在顶层，输入文本内容"数艺设"，如图6-38所示。

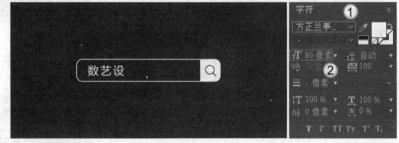

图6-38

12 在"效果和预设"面板中搜索Typewriter预设，并将其添加到文本图层上。然后选中图层，按U键调出所有的关键帧，并调整关键帧的位置，如图6-39所示。效果如图6-40所示。

图6-39

图6-40

13 继续新建"文本"图层，输入"人民邮电出版社旗下品牌"，并进行相应的设置，如图6-41所示。

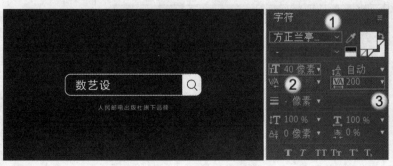

图6-41

14 将上一步创建的文本图层的锚点移动到下方边缘，如图6-42所示。

图6-42

15 按S键调出"缩放"属性，在0:00:02:00的位置设置"缩放"为"100%,0%"，并添加关键帧，如图6-43所示。

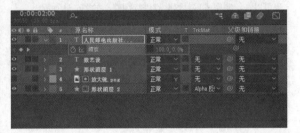

图6-43

16 在0:00:02:15的位置设置"缩放"为"100%,100%"，如图6-44所示。

图6-44

17 将关键帧转换为"缓动"，然后调整其速度曲线，如图6-45所示。动画效果如图6-46所示。

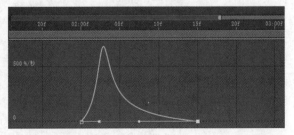

图6-45

图6-46

18 新建蓝色的"纯色"图层，放在最下方作为背景，如图6-47所示。

图6-47

19 在时间轴上任意截取4帧，案例最终效果如图6-48所示。

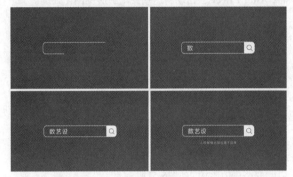

图6-48

6.2.2 形状概述

本小节主要介绍形状的相关概念，包括矢量图形、位图图像和路径。

1.矢量图形

构成矢量图形的直线或曲线都是由计算机中的数学算法来定义的，数学算法采用几何学的特征来描述这些形状。将矢量图形放大很多倍，仍然可以清楚地观察到图形的边缘是光滑平整的，如图6-49所示。

图6-49

2.位图图像

位图图像也叫光栅图像，它是由许多带有不同颜色信息的像素点构成的，其质量取决于图像的分辨率。图像的分辨率越高，图像看起来越清晰，图像文件需要的存储空间也越大，所以当放大位图图像时，图像的边缘会出现锯齿，如图6-50所示。

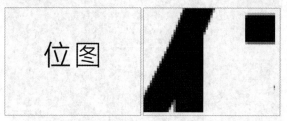

图6-50

After Effects可以导入其他软件（如Illustrator、CorelDRAW等）生成的矢量图形文件，在导入这些文件后，After Effects会自动将这些矢量图形位图化处理。

3.路径

蒙版和形状都是基于路径的。一条路径是由点和线构成的，线可以是直线，也可以是曲线，由线来连接点，而点定义了线的起点和终点。

在After Effects中，可以使用形状工具来绘制标准的几何形状路径，也可以使用"钢笔工具" 来绘制复杂的形状路径，通过调节路径上的点或调节点的控制手柄可以改变路径的形状，如图6-51所示。

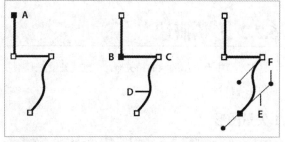

图6-51

提示 在After Effects中，路径具有两种不同的点，即角点和平滑点。平滑点连接的是平滑的曲线，其出点和入点的方向控制手柄在同一条直线上，如图6-52所示。

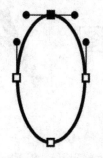

图6-52

对于角点而言，连接角点的两条曲线在角点处发生了突变，曲线的出点和入点的方向控制手柄不在同一条直线上，如图6-53所示。

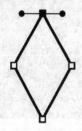

图6-53

用户可以同时利用角点和平滑点来绘制各种路径形状，也可以在绘制完成后对这些点进行调整，如图6-54所示。

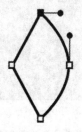

图6-54

当调节平滑点上的一个方向控制手柄时，另外一个手柄也会跟着进行相应的调节，如图6-55所示。

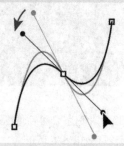

图6-55

当调节角点上的一个方向控制手柄时，另外一个方向的控制手柄不会发生改变，如图6-56所示。

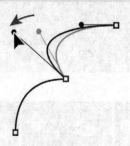

图6-56

6.2.3 形状工具

形状工具有5种，分别为"矩形工具" 、"圆角矩形工具" 、"椭圆工具" 、"多边形工具" 和"星形工具" ，如图6-57所示。按Q键就能在这5种工具间切换，实现快速调用。

图6-57

> **提示** 因为"矩形工具" 和"圆角矩形工具" 所创建的形状比较类似，名称也都是以"矩形"来命名的，而且它们的参数完全一样，所以这两种工具可以归纳为一类。
>
> "多边形工具" 和"星形工具" 的参数也完全一致，并且属性名称都是以"多边星形"来命名的，因此这两种工具可以归纳为一类。
>
> 最后还有一种"椭圆工具" 。
>
> 这样归纳便于我们理解和掌握这些工具的用法。

选择一个形状工具后，"工具"面板中会出现创建形状或蒙版的选择按钮，分别是"工具创建形状"按钮 和"工具创建蒙版"按钮 ，如图6-58所示。

图6-58

在未选择任何图层的情况下，使用形状工具创建出来的是形状图层，而不是蒙版。如果选择的图层是形状图层，那么可以继续使用形状工具创建图形或是为当前图层创建蒙版；如果选择的图层是素材图层或纯色图层，那么使用形状工具只能创建蒙版。

> **提示** 形状图层与文字图层一样，在"时间轴"面板中都是以图层的形式显示出来的，但是形状图层不能在"图层"面板中进行预览，同时它也不会显示在"项目"面板的素材文件夹中，所以不能直接在其上面进行绘制。

当使用形状工具创建形状图层时，还可以在"工具"面板右侧设置图形的"填充""描边""描边宽度"，如图6-59所示。

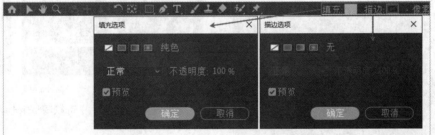

图6-59

1.矩形工具

使用"矩形工具" 在"合成"面板的画面中按住鼠标左键并拖曳鼠标，就能绘制一个矩形，如图6-60所示。展开"形状图层1"图层，可以看到增加了"矩形1"卷展栏，如图6-61所示，可以调整绘制矩形的各种属性。

图6-60

图6-61

重要参数讲解

矩形路径：在该卷展栏中可以调整矩形的大小、位置和圆角效果，如图6-62所示。

图6-62

- » **大小**：调整矩形的大小。
- » **位置**：调整矩形的位置。
- » **圆度**：调整矩形圆角的大小，如图6-63所示。

图6-63

描边：在该卷展栏中可以调整矩形描边的相关属性，如图6-64所示。

图6-64

- » **颜色**：设置描边的颜色。
- » **不透明度**：设置描边颜色的不透明度。
- » **描边宽度**：设置描边的宽度，不同描边宽度的效果如图6-65所示。

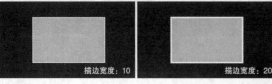

图6-65

- » **线段端点**：设置描边线段的端点样式，不同端点样式的效果如图6-66所示。

图6-66

> **提示** 添加"修剪路径"效果后，就能将描边进行部分裁剪。

- » **线段连接**：设置矩形转角处的连接方式，不同连接方式的效果如图6-67所示。

图6-67

- » **虚线**：单击"＋"按钮可以将描边由实线变为虚线，单击"－"按钮会删除虚线效果，如图6-68所示。
- » **锥度**：调整描边线段的粗细变化效果，如图6-69所示。
- » **波形**：将描边的实线变为波浪线，如图6-70所示。

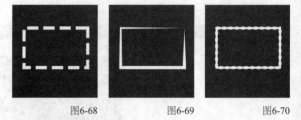

图6-68　　　　　图6-69　　　　　图6-70

填充：在该卷展栏中可以调整矩形填充色的相关信息，如图6-71所示。

图6-71

- » **颜色**：设置矩形填充的颜色。
- » **不透明度**：设置填充颜色的不透明度。

变换：在该卷展栏中可以调整绘制的矩形的位置、倾斜和旋转等属性，如图6-72所示。

图6-72

- » **锚点**：调整所绘制矩形的锚点位置。
- » **位置**：调整所绘制矩形的位置。
- » **比例**：调整所绘制矩形的长宽大小。
- » **倾斜**：将绘制的矩形倾斜为平行四边形，如图6-73所示。

图6-73

- » **倾斜轴**：调整绘制的矩形倾斜轴的角度。
- » **旋转**：调整绘制的矩形的角度。
- » **不透明度**：调整绘制的矩形的不透明度。

提示 该卷展栏的参数与下方的"变换"卷展栏中的大多数参数相同，但两者是有区别的。这个卷展栏只控制绘制的矩形，如果绘制了多个矩形，则除了当前绘制的矩形外，其余不受控制。下方的"变换"卷展栏则是控制整个图层中所有绘制图形的属性。

2.圆角矩形工具

使用"圆角矩形工具" ▣在"合成"面板的画面中按住鼠标左键并拖曳鼠标，就能绘制一个圆角矩形，如图6-74所示。展开"形状图层1"图层，可以看到增加了"矩形1"卷展栏，如图6-75所示。在这个卷展栏中可以调整矩形的各种属性。

图6-74

图6-75

提示 "圆角矩形工具" ▣的属性与"矩形工具" ▣的属性相同，这里不赘述。

3.椭圆工具

使用"椭圆工具" ◉在"合成"面板的画面中按住鼠标左键并拖曳鼠标，就能绘制一个椭圆形，如图6-76所示。展开"形状图层1"图层，可以看到增加了"椭圆1"卷展栏，如图6-77所示。在这个卷展栏中可以调整椭圆形的各种属性。

图6-76

图6-77

提示 按住Shift键使用"椭圆工具" ◉进行绘制，就能绘制出圆形，如图6-78所示。

图6-78

重要参数讲解

椭圆路径：在该卷展栏中可以调整椭圆形的大小和位置，如图6-79所示。

图6-79

描边：设置描边的相关属性，用法与矩形相同。

填充：设置填充色等信息，用法与矩形相同。

变换：设置椭圆形的位置、大小和角度等信息。

4.多边形工具

使用"多边形工具"⬡在"合成"面板的画面中按住鼠标左键并拖曳鼠标，就能绘制一个五边形，如图6-80所示。展开"形状图层1"图层，可以看到增加了"多边星形1"卷展栏，如图6-81所示。在这个卷展栏中可以调整多边形的各种属性。

图6-80

图6-82

» **类型**：可以设置所绘制的图形为多边形或星形，如图6-83所示。

图6-83

» **点**：设置多边形的点数（点数≥3），点越多边就越多，如图6-84所示。

图6-84

» **外径**：设置多边形的大小。

» **外圆度**：设置多边形的圆角效果，如图6-85所示。

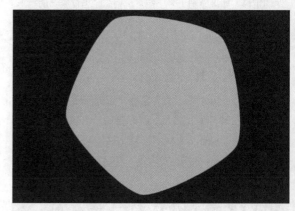

图6-85

图6-81

重要参数讲解

多边星形路径：在该卷展栏中可以设置多边形的类型、点数和位置等属性，如图6-82所示。

描边：设置描边的相关属性，用法与矩形相同。

填充：设置填充色等信息，用法与矩形相同。

变换：设置绘制多边形的位置、大小和角度等信息。

After Effects 2022
视频制作基础培训教程

视频课程
+
实战案例

121 节 **435** 分钟录播课程（基础工具＋案例视频）

39 个案例文件（素材文件＋案例文件）

领取方式

>>>>>>>

添加助教即可
免费获取

5.星形工具

使用"星形工具"<img_...>在"合成"面板的画面中按住鼠标左键并拖曳鼠标，就能绘制一个星形，如图6-86所示。展开"形状图层1"图层，可以看到增加了"多边星形1"卷展栏，如图6-87所示。在这个卷展栏中可以调整星形的各种属性。

图6-86

图6-87

重要参数讲解

多边星形路径：在该卷展栏中可以调整星形的大小和圆角等属性，如图6-88所示。

图6-88

» **内径**：用于调整星形内径的大小，效果如图6-89所示。

图6-89

» **外径**：用于调整星形外径的大小，效果如图6-90所示。

图6-90

» **内圆度/外圆度**：分别用于调整内径点和外径点的圆角大小，效果如图6-91所示。

图6-91

描边：设置描边的相关属性，用法与矩形相同。

填充：设置填充色等信息，用法与矩形相同。

变换：设置绘制星形的位置、大小和角度等信息。

6.2.4 钢笔工具

使用"钢笔工具"<img_...>可以在"合成"面板或"图层"面板中绘制出各种路径。它包含4个辅助工具，分别是"添加顶点工具"<img_...>、"删除顶点工具"<img_...>、"转换顶点工具"<img_...>和"蒙版羽化工具"<img_...>。

在"工具"面板中选择"钢笔工具"<img_...>后，面板的右侧会出现RotoBezier选项，如图6-92所示。

图6-92

在默认情况下，RotoBezier选项处于关闭状态（未被勾选），这时使用"钢笔工具" 🖊 绘制的贝塞尔曲线的顶点包含控制手柄，可以通过调整控制手柄的位置来调节贝塞尔曲线的形状。

如果勾选了RotoBezier选项，那么绘制出来的贝塞尔曲线将不包含控制手柄，曲线的顶点曲率由After Effects自动计算。

如果要将非平滑贝塞尔曲线转换成平滑贝塞尔曲线，那么可以通过执行"图层>蒙版和形状路径>RotoBezier"菜单命令来完成。

在实际工作中，使用"钢笔工具" 🖊 绘制的贝塞尔曲线主要包含直线、U形曲线和S形曲线3种。下面分别讲解如何绘制这3种曲线。

1.绘制直线

使用"钢笔工具" 🖊 绘制直线的方法很简单。先使用该工具单击确定第1个点，然后在其他地方单击确定第2个点，这两个点间的线就是一条直线，如图6-93所示。

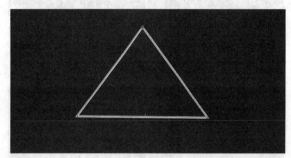

图6-93

> **提示** 如果要绘制水平直线、垂直直线或是与45°倍数的直线，可以在绘制时按住Shift键。

2.绘制U形曲线

如果要使用"钢笔工具" 🖊 绘制U形的贝塞尔曲线，可以在确定好第2个顶点后拖曳第2个顶点的控制手柄，使其方向与第1个顶点的控制手柄的方向相反，效果如图6-94所示。

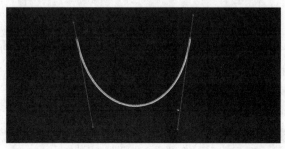

图6-94

3.绘制S形曲线

如果要使用"钢笔工具" 🖊 绘制S形的贝塞尔曲线，可以在确定好第2个顶点后拖曳第2个顶点的控制手柄，使其方向与第1个顶点的控制手柄的方向相同，效果如图6-95所示。

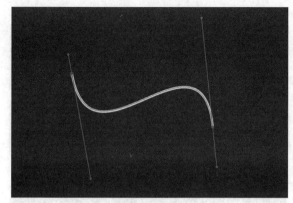

图6-95

> **提示** 在使用"钢笔工具" 🖊 时需要注意以下3种情况。
>
> **第1种：** 改变顶点的位置。在创建顶点时，如果想在松开鼠标左键之前改变顶点的位置，可按住Space键，然后拖曳鼠标即可重新定位顶点的位置。
>
> **第2种：** 封闭开放的曲线。在绘制好曲线形状后，如果想将开放的曲线设置为封闭曲线，可以通过执行"图层>蒙版和形状路径>已关闭"菜单命令来完成。也可以将鼠标指针放置在第1个顶点处，当鼠标指针变成 形状时，单击即可封闭曲线。
>
> **第3种：** 结束选择曲线。在绘制好曲线后，如果想要结束对该曲线的选择，可以激活"工具"面板中的其他工具或按F2键。

6.2.5 创建文字轮廓形状图层

在After Effects中，可以将文字的外形轮廓提取出来，此时形状路径将作为一个新图层出现在"时间轴"面板中。新生成的轮廓图层会继承源文字图层的变换属性、图层样式、滤镜和表达式等。

如果要将文字图层中的文字轮廓提取出来，可以先选择该文字图层，然后执行"图层>创建>从文字创建形状"菜单命令，轮廓提取前后的效果如图6-96所示。

图6-96

6.2.6 形状属性

创建形状后，可以在"时间轴"面板中或"添加"按钮 添加: ◐ 的下拉菜单中为形状或形状组添加属性，如图6-97所示。下面讲解一些常用的形状属性。

图6-97

1.位移路径

"位移路径"属性可以复制并移动所绘制的形状，效果如图6-98所示。添加该属性后会在图层中自动增加"位移路径"卷展栏，如图6-99所示。

图6-98

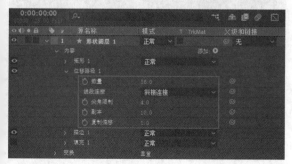

图6-99

重要参数讲解

数量：设置复制形状间的距离。

副本：设置复制形状的数量。

复制偏移：设置复制形状整体的位移。

2.收缩和膨胀

"收缩和膨胀"属性可以将绘制的形状按照点的位置进行收缩或膨胀，效果如图6-100所示。添加该属性后会在图层中自动增加"收缩和膨胀"卷展栏，如图6-101所示。

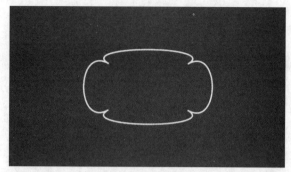

图6-100

图6-101

"收缩和膨胀"卷展栏中只有"数量"一个参数。当该参数为正值时会生成膨胀效果，如图6-102所示；当该参数为负值时会生成收缩效果，如图6-103所示。

图6-102

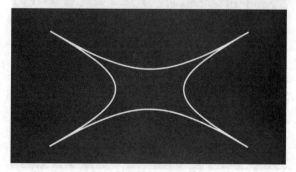

图6-103

3.中继器

"中继器"属性可以将绘制的形状进行复制，效果如图6-104所示。添加该属性后会在图层中自动增加"中继器"卷展栏，如图6-105所示。

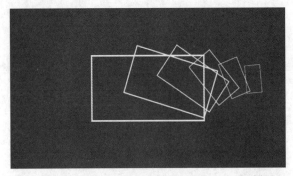

图6-104

图6-105

重要参数讲解

副本：设置复制形状的数量。

偏移：设置所有形状整体偏移的距离。

锚点：设置复制形状间锚点的位置。

位置：设置复制形状间的位置距离。

比例：设置复制形状的逐渐放大或缩小的比例。

旋转：设置复制形状的逐渐旋转的大小。

起始点不透明度：设置起始点的形状的透明程度，效果如图6-106所示。

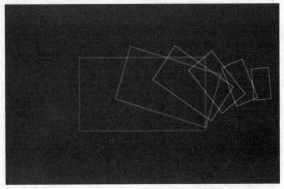

图6-106

结束点不透明度：设置结束点的形状的透明程度，效果如图6-107所示。

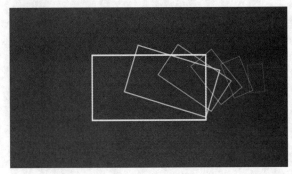

图6-107

4.修剪路径

"修剪路径"属性可以将绘制的形状进行裁剪，效果如图6-108所示。添加该属性后会在图层中自动增加"修剪路径"卷展栏，如图6-109所示。

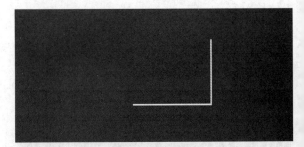

图6-108

图6-109

重要参数讲解

开始：设置起始点的修剪量。

结束：设置结束点的修剪量。

偏移：设置修剪后的形状在原有路径上的移动距离，如图6-110所示。

图6-110

5.扭转

"扭转"属性可以将绘制的形状进行扭曲，效果如图6-111所示。添加该属性后会在图层中自动增加"扭转"卷展栏，如图6-112所示。

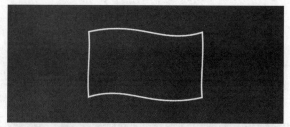

图6-111

图6-112

重要参数讲解

角度：设置绘制形状的扭曲程度。

中心：设置绘制形状的扭曲中心，效果如图6-113所示。

图6-113

6.摆动路径

"摆动路径"属性可以为绘制的形状产生动态的摆动效果，如图6-114所示。添加该属性后会在图层中自动增加"摆动路径"卷展栏，如图6-115所示。

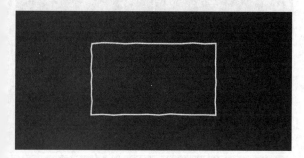

图6-114

图6-115

重要参数讲解

大小：设置摆动波浪的大小，效果如图6-116所示。

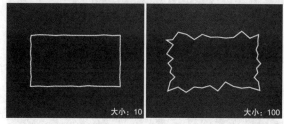

图6-116

详细信息：设置摆动波浪的复杂度，效果如图6-117所示。

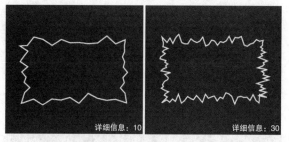

图6-117

摇摆/秒：设置摆动的频率。

关联：设置摆动波浪的柔和度，效果如图6-118所示。

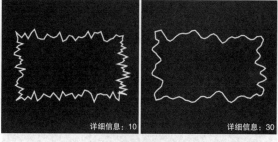

图6-118

时间相位：设置摆动波浪在原有位置的摆动效果。

空间相位：设置摆动波浪在路径上的移动效果。

随机植入：设置波浪的随机呈现效果。

7. Z字形

"Z字形"属性可以让绘制的形状产生锯齿效果，如图6-119所示。添加该属性后会在图层中自动增加"锯齿"卷展栏，如图6-120所示。

图6-119

图6-120

重要参数讲解

大小：设置锯齿的大小，效果如图6-121所示。

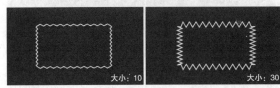

大小：10 大小：30

图6-121

每段的背脊：设置锯齿的数量，效果如图6-122所示。

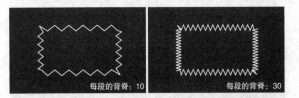

每段的背脊：10 每段的背脊：30

图6-122

点：设置锯齿为边角或是平滑，效果如图6-123所示。

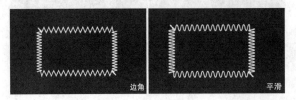

边角 平滑

图6-123

6.3 课堂练习：制作动态图标

实例文件　实例文件>CH06>课堂练习：制作动态图标
教学视频　课堂练习：制作动态图标.mp4
学习目标　练习"修剪路径"属性的用法

本练习使用"椭圆工具" ◎和"多边形工具" ◎以及"修剪路径"属性制作一个动态图标，效果如图6-124所示。

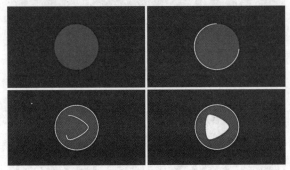

图6-124

操作提示

第1步：绘制红色的圆形、白色的圆环和白色的三角形。

第2步：为白色的圆环和三角形添加修剪路径动画。

6.4 课后习题：制作动态扫描框

案例文件　案例文件>CH06>课后习题：制作动态扫描框
教学视频　课后习题：制作动态扫描框.mp4
学习目标　练习形状工具

本习题需要使用"矩形工具" ■和"钢笔工具" ◢制作一个动态扫描框，效果如图6-125所示。

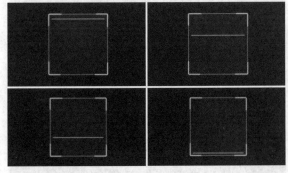

图6-125

操作提示

第1步：使用"矩形工具" ■和"钢笔工具" ◢绘制扫描框和扫描线。

第2步：为扫描线添加位置动画。

第3步：新建"调整图层"并添加"发光"效果。

第7章

文字动画

除了以图形元素制作动画外，文字动画也是我们经常看到的动画类型。文字本身就是一种图形，是辨识度更高的特殊图形。我们在制作动画时使用文字，一来可以丰富画面的视觉效果，明确版面的主次关系；二来则能增强动画的表达能力，传播更有效的信息。

课堂学习目标

- 掌握文字的基本属性
- 掌握基本的排版技术
- 掌握文字的基本运动
- 掌握文字的随机运动
- 掌握文字的复杂路径运动

7.1 添加文本

文本可分为点文本和段落文本两种类型，每一种文本类型的排列形式又可以分为横排和直排两种类型。在After Effects中，我们可以通过"段落"和"字符"面板中的相关设置轻松地为文本添加颜色、描边等效果或进行一些简单的排版。

本节重点内容

重点内容	说明	重要程度
文本	制作少量的文字	高
段落文本	大量横排或直排的文本	中
段落和字符	编辑文本的段落和字符属性	高

7.1.1 课堂案例：文字排版

案例位置　　案例文件>CH07>课堂案例：文字排版
教学视频　　课堂案例：文字排版.mp4
学习目标　　掌握文本的创建方法、文本的排列方法

本案例需要在背景素材上添加文字内容，效果如图7-1所示。

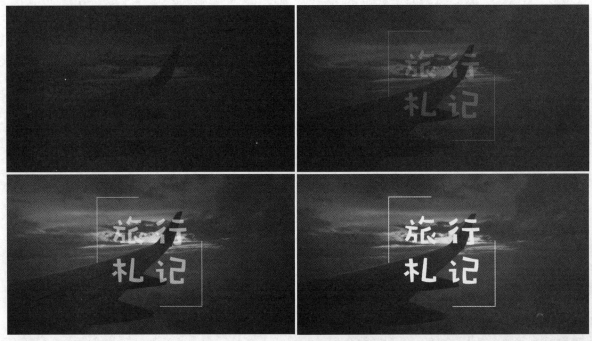

图7-1

01 新建1920像素×1080像素的合成，然后导入学习资源"案例文件>CH07>课堂案例：文字排版"文件夹中的素材文件，如图7-2所示。

图7-2

02 使用"横排文字工具" T 在"合成"面板中单击，在出现的光标处输入"旅行札记"，然后在"字符"面板中设置"字体"为"汉仪跳跳体简"，"颜色"为白色，"字体大小"为"260像素"，"行距"为"260像素"，"字间距"为"100"，如图7-3所示。

图7-3

> **提示** 输入的文字内容和字体仅供参考，读者可按照自己的喜好进行设置。

03 使用"矩形工具" 在文字外侧绘制一个白色的线框，并设置"描边宽度"为"5像素"，如图7-4所示。

图7-4

04 在绘制的矩形上添加"修剪路径"效果，设置"开始"为"60%"，"结束"为"85%"，如图7-5所示。效果如图7-6所示。

图7-5

图7-6

05 复制一层矩形图层，然后调整"修剪路径"的"开始"为"10%"，"结束"为"35%"，如图7-7所示。效果如图7-8所示。

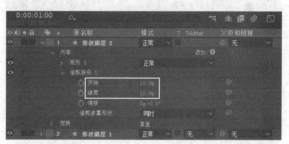

图7-7

图7-8

06 选中文字和矩形的图层，然后按Ctrl+Shift+C快捷键将其转换为预合成，如图7-9所示。

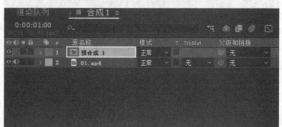

图7-9

07 选中"预合成1"并按T键调出"不透明度"参数,在剪辑的起始位置设置"不透明度"为"0%",然后添加关键帧,如图7-10所示。效果如图7-11所示。

图7-10

图7-11

08 将时间指示器移动到0:00:01:00的位置,设置"不透明度"为"100%",如图7-12所示。效果如图7-13所示。

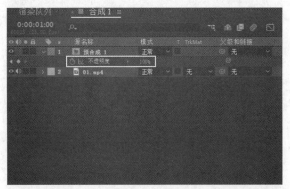

图7-12

图7-13

09 在时间轴上截取4帧,案例的最终效果如图7-14所示。

图7-14

7.1.2 文本

在After Effects中,通过文字工具组中的工具添加文本,工具组包含"横排文字工具"和"直排文字工具",如图7-15所示,分别用于创建横向和竖向的文字。

图7-15

选择文字工具后，在"合成"面板中单击（该位置为文本插入点）即可进入文本编辑模式，同时新建一个文本图层，如图7-16和图7-17所示。

图7-16

图7-17

输入文本后，可以通过选择其他工具或单击其他面板退出文本编辑模式，这时文本图层会根据输入的文本来命名，如图7-18和图7-19所示。

图7-18

图7-19

7.1.3 段落文本

段落文本是大量横排或直排的文本，用于制作正文类的大段文字。选择文字工具后，在合成面板中拖曳鼠标，就可以生成一个输入框，同时进入文本编辑模式，并新建一个文本图层，如图7-20和图7-21所示。

图7-20

图7-21

当文本长度超过定界框的范围时文本会自动换行，最后一行文字超出范围后将不再显示。定界框的大小可以随时更改，文本也会随着定界框的改变而重新排列，如图7-22所示。

图7-22

7.1.4 段落和字符

新建文本图层后，在选中某一文字图层或文字图层中的部分文字后，可以通过设置"段落"面板和"字符"面板中的属性来编辑段落和字符。

1.段落属性

"段落"面板主要用于设置文本段落的属性。我们能在"段落"面板中设置对齐方式、缩进、段前或段后间距等，如图7-23所示。

图7-23

重要参数讲解

对齐方式：包括"左对齐文本" ▦、"居中对齐文本" ▦、"右对齐文本" ▦、"最后一行左对齐" ▦、"最后一行居中对齐" ▦、"最后一行右对齐" ▦ 和 "两端对齐" ▦ 共7种对齐方式。当文本为直排文本时，这些对齐方式也会发生相应的变化。

缩进左边距/缩进右边距/首行缩进：调整段落的缩进方式。

段前添加空格/段后添加空格：以加入空格的方式调整段前或段后的间距。

2.字符属性

"字符"面板主要用于设置字符的格式，其设置选项更为多样，如图7-24所示，其中字体系列、填充颜色和字体大小都是经常需要调整的选项。

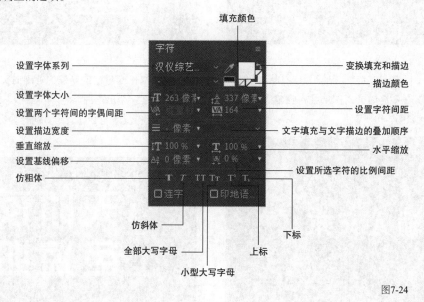

图7-24

重要参数讲解

设置字体系列：在该下拉列表中可以选择文字的字体。

设置字体大小：调整字体的大小。

垂直缩放/水平缩放：水平或垂直缩放文本。

设置字符间距：调整文本的字距。

设置所选字符的比例间距：调整字符的比例间距。

仿粗体/仿斜体：将文本设置为粗体或斜体。

全部大写字母/小型大写字母：将文本设置为全部大写字母或小型大写字母。

上标/下标：将字符设置为上标或下标。另外，选中目标字符后，在"字符"面板菜单中选择"上标"或"下标"选项同样能够完成该设置。

7.2 编辑文本

在前面我们学习了如何编辑图层的属性，这些操作对文本图层来说同样适用。下面我们将学习如何编辑文字图层，包括选中文字、编辑文本内容及文字路径。

本节重点内容

重点内容	说明	重要程度
源文本	修改文字内容	高
路径选项	沿路径排列文字	中
动画制作工具	编辑文字属性	高
动画预设	文字的预设动画	中

7.2.1 课堂案例：制作动态标题动画

案例位置　案例文件>CH07>课堂案例：制作动态标题动画
教学视频　课堂案例：制作动态标题动画.mp4
学习目标　掌握文字动画的制作用法

本案例制作一个简单的文字动画，效果如图7-25所示。

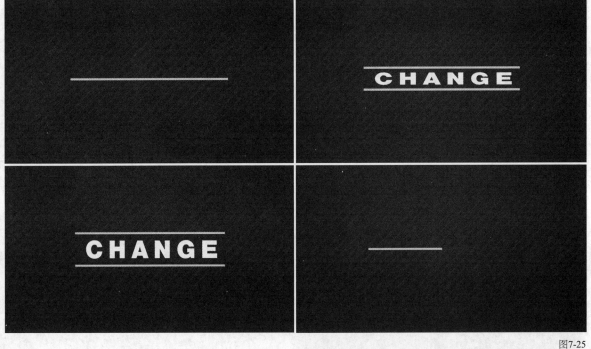

图7-25

01 新建1920像素×1080像素的合成，然后导入学习资源"案例文件>CH07>课堂案例：制作动态标题动画"文件夹中的素材文件，如图7-26所示。

图7-26

02 使用"矩形工具"■绘制一个青色的长条矩形，如图7-27所示。

03 将上一步绘制的矩形的锚点移动到矩形的左侧，如图7-28所示。

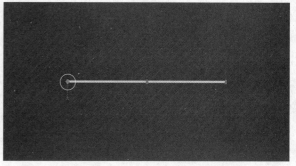

图7-27　　　　　　　　　　　　　　　　　　　　图7-28

04 在0:00:00:10的位置添加"缩放"关键帧，然后在剪辑的起始位置设置"缩放"参数的x轴坐标为0，动画效果如图7-29所示。

图7-29

05 复制0:00:00:10的位置的"缩放"关键帧，并将其粘贴到0:00:02:00的位置，将起始位置的关键帧复制并粘贴到0:00:02:10的位置，如图7-30所示。

图7-30

06 复制一份绘制好的矩形，在0:00:00:10和0:00:02:00的位置添加"位置"关键帧，然后在0:00:00:20和0:00:01:15的位置将两个矩形向上和向下移动一段距离使其分开，动画效果如图7-31所示。

图7-31

07 使用"横排文字工具" T 在两个矩形之间输入文字"CHANGE",在"字符"面板中设置"字体"为"NimbusSanLBla","颜色"为白色,"字体大小"为"150像素",如图7-32所示。

图7-32

08 选中上一步创建的文字图层,在0:00:00:20和0:00:01:15的位置添加"缩放"和"位置"的关键帧,然后在0:00:00:10和0:00:02:00的位置调整文字的缩放和位置,使其随着矩形的变化而消失,如图7-33所示。动画效果如图7-34所示。

图7-33

图7-34

09 新建一个空对象图层,然后将文字图层与两个矩形图层作为其子层级,如图7-35所示。

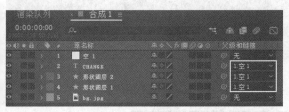

图7-35

> **提示** 通过空对象图层可以整体控制画面中的文字和矩形的动画效果,使画面从始至终都呈现动态,避免出现画面静止的状况。

10 选中"空1"图层,然后在起始位置设置"缩放"为"110%,110%",并添加关键帧,在0:00:02:10的位置设置"缩放"为"100%,100%",如图7-36所示。

图7-36

11 在时间轴上截取4帧，案例的最终效果如图7-37所示。

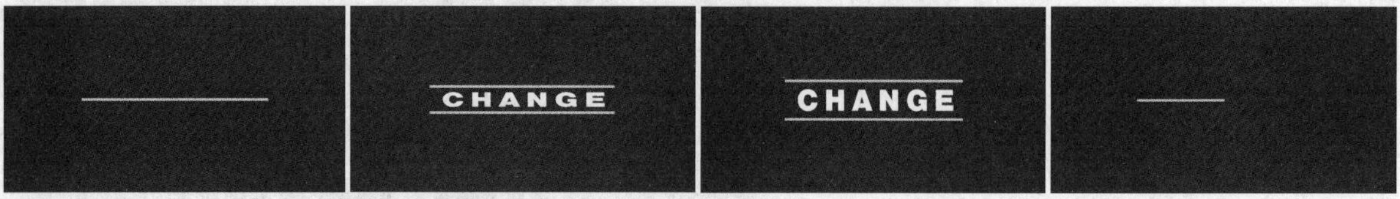

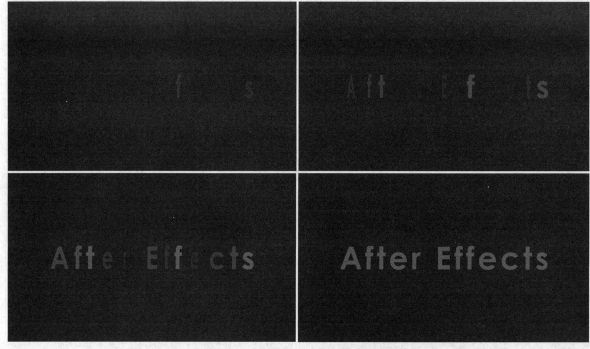

图7-37

7.2.2 课堂案例：制作3D文字翻转动画

案例位置　实例文件>CH07>课堂案例：制作3D文字翻转动画

教学视频　课堂案例：制作3D文字翻转动画.mp4

学习目标　掌握动画制作工具的用法

本案例运用动画工具制作3D文字翻转动画，效果如图7-38所示。

图7-38

01 新建1920像素×1080像素的合成，然后新建一个蓝紫色的"纯色"图层作为背景，如图7-39所示。

图7-39

02 使用"横排文字工具"T在背景上输入"After Effects",然后在"字符"面板中设置"字体"为"Century Gothic","字体样式"为"Bold","颜色"为紫色,"字体大小"为"200像素",如图7-40所示。

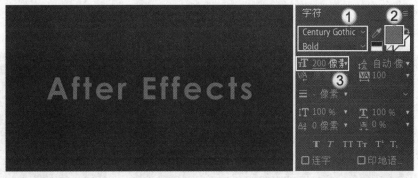

图7-40

03 展开文本图层,单击"动画"按钮动画: ◉,在弹出的菜单中选择"启用逐字3D化"命令,如图7-41所示。此时画面中会出现三维的坐标,如图7-42所示。

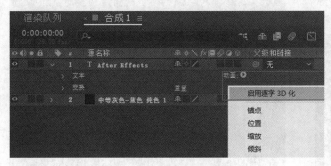

图7-41

图7-42

04 继续单击"动画"按钮动画: ◉,在弹出的菜单中选择"旋转"命令,然后设置"Y轴旋转"为"0x+90°",如图7-43所示。效果如图7-44所示。

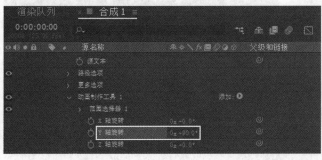

图7-43

图7-44

05 展开"范围选择器1"卷展栏,在剪辑的起始位置设置"偏移"为"-100%",并添加关键帧,然后在0:00:01:00的位置设置"偏移"为"100%",如图7-45所示。

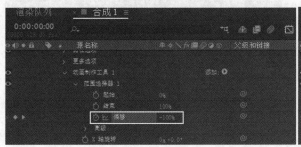

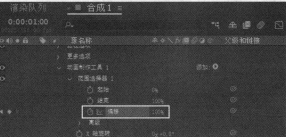

图7-45

06 展开"高级"卷展栏，设置"形状"为"上斜坡"，"随机排序"为"开"，如图7-46所示。动画效果如图7-47所示。

图7-46

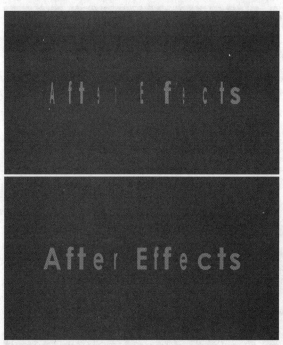

图7-47

07 观察动画会发现文字在开始的位置会出现。单击"动画制作工具"后的"添加"按钮 添加: ◉ ，在弹出的菜单中选择"属性>不透明度"命令，如图7-48所示。

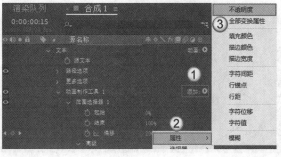

图7-48

08 设置"不透明度"为"0%"，文字会按照随机的不透明度出现，如图7-49和图7-50所示。

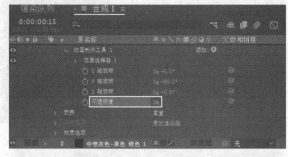

图7-49

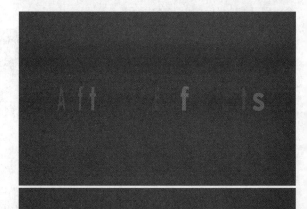

图7-50

09 在时间轴上截取4帧，案例的最终效果如图7-51所示。

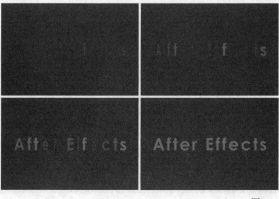

图7-51

7.2.3 选中文字

当鼠标光标放在"合成"面板中的文本上时，它将会显示为编辑文本指针Ⅰ，按住鼠标左键并拖曳即可选中特定的文字，被选中的文字将被高亮显示，如图7-52所示。

图7-52

如果想快速选择大段文字，就可以先在起点或终点处单击，然后按住Shift键并在终点或起点处单击，便可选中起点和终点间的所有文字，如图7-53所示。

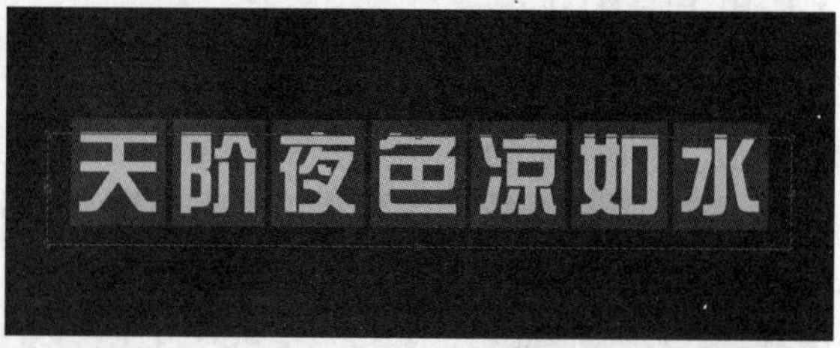

图7-53

7.2.4 动态文本

文本的内容实际上是由文字图层中的"源文本"属性决定的，除了直接在合成预览中编辑文字，还可以通过修改"源文本"属性的值来修改文本内容，这样就不用多次创建文字图层了。通过对"源文本"属性添加关键帧或表达式，可以实现动态文本，如图7-54所示。

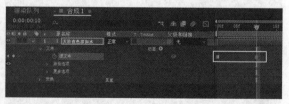

图7-54

动态文本可以在同一个文字图层中实现不同数值的变化，但是"源文本"无法向其他属性一样实现平滑的过渡，例如，在第0s输入"天阶夜色凉如水"，在第10s输入"卧看牛郎织女星"，并不会产生文字变化的过程，而是瞬间从一段文字跳到另一段文字，如图7-55所示。

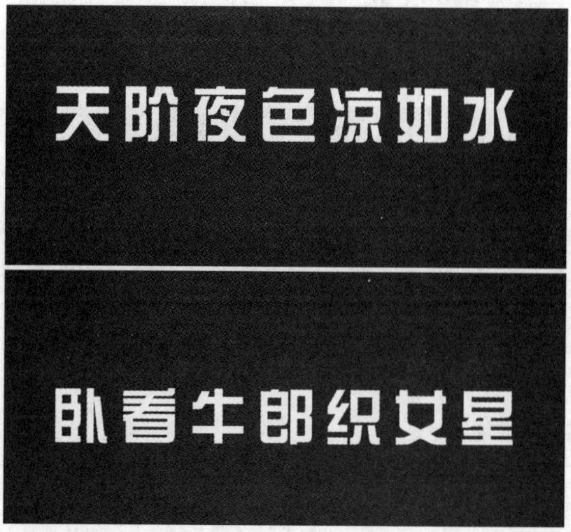

图7-55

> **提示** "源文本"属性的关键帧均为方型的定格关键帧。

要想实现上述效果，需要为"源文本"设置关键帧，保持每隔一段时间添加一个关键帧。由于不能形成补间动画，因此在添加关键帧的同时还需要在"合成"面板中修改数值，这时动画中的数字就会根据设置的关键帧实现跳转。

7.2.5 文字路径

文字图层下的"路径选项"属性可以让文字沿某一路径排列。选中文字图层后，使用"钢笔工具" ✐ 绘制一条简单的曲线路径，然后为"路径"添加新建的"蒙版1"路径，这时文本将按"蒙版1"路径排列，如图7-56所示。

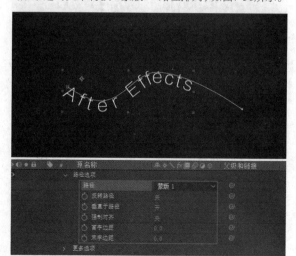

图7-56

重要参数讲解

反转路径：调转路径的方向，使文字从与原路径相反的方向开始排列，如图7-57所示。

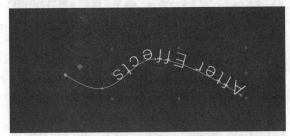

图7-57

垂直于路径：默认为"开"，此时字符将与路径垂直。当设置为"关"时，文本则按照原本的方向显示，如图7-58所示。

图7-58

强制对齐：默认为"关"。当设置为"开"时，会调整字符间距使文本排满整条路径，此时可以结合"首字边距"和"末字边距"属性调整首端和末端的间距，如图7-59所示。

图7-59

首字边距：调整起始文字在路径上移动的距离，如图7-60所示。

图7-60

7.2.6 文本动画制作工具

在"动画"菜单中有多种动画制作工具，可以为文字添加不同的属性，生成复杂的动画效果，如图7-61所示。

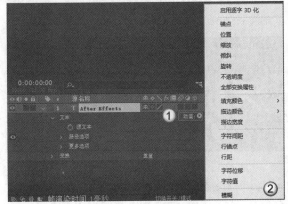

图7-61

1.启用逐字3D化

选择"启用逐字3D化"命令后，可以将文本图层变换为3D图层，每个字都能被独立控制，如图7-62所示。

图7-62

2.位置

选择"位置"命令后，会在下方添加"范围选择器"卷展栏和"位置"属性，如图7-63所示。

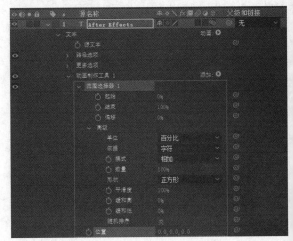

图7-63

重要参数讲解

起始：设置范围选择器起始位置的移动百分比，同时控制每个文字的移动效果，如图7-64所示。

图7-64

> **提示** 只有下方添加的"位置"属性设置了数值后，调整"起始"属性的数值才会使文字产生变化。

结束：设置范围选择器结束位置的移动百分比，同时控制每个文字的移动效果，如图7-65所示。

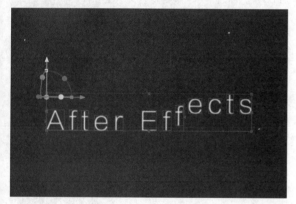

图7-65

偏移：设置从开始到结束的移动数值范围。

依据：设置文字之间移动的成组关系，有3个选项。

» **字符**：按照单个文字逐个移动，如图7-66所示。

图7-66

» **词**：按照词组进行移动，如图7-67所示。

图7-67

» **行**：按照行数进行移动。

形状：在下拉菜单中选择不同的形状，从而控制文字的运动效果，如图7-68所示。

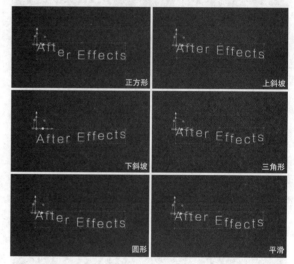

图7-68

随机排序：默认情况下为"关"，表示文字会按顺序逐个移动。当设置为"开"时，就会按照随机的顺序移动，如图7-69所示。同时激活"随机植入"属性。

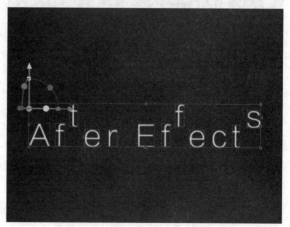

图7-69

随机植入：设置不同随机效果。

位置：设置文字在x轴、y轴和z轴移动的距离。

> **提示** "旋转""缩放""不透明度"属性与"位置"属性一样，都带有"范围选择器"卷展栏，用法类似，这里不再赘述。

3.填充颜色

选择"填充颜色"命令后，会改变文字的颜色，同时"图层"面板中会增加"范围选择器"卷展栏。通过设置"范围选择器"的属性，形成文字颜色变化的动画效果，如图7-70所示。

图7-70

4.字符位移

选择"字符位移"命令后，会随机改变文字内容，从而形成乱码的效果，如图7-71所示。通过"范围选择器"的属性，形成错乱的文字逐渐显示正确的动画效果，如图7-72所示。

图7-71

图7-72

5.模糊

选择"模糊"命令后，可以为文字增加模糊效果。通过设置"范围选择器"的属性，形成文字变模糊的动画效果，如图7-73所示。

图7-73

7.2.7 文字动画预设

在之前章节的案例中我们已经接触过文字动画预设，预设中已经设置好了动画所需要的关键帧，只需要按照实际需要调整关键帧的位置即可。在"效果和预设"面板中展开"动画预设"卷展栏，在"Text"卷展栏中罗列了多种类型的文字动画预设，如图7-74所示。

> **提示** 在有的版本的软件中，动画预设显示为中文，有的版本则显示为英文，具体以软件显示为准。

图7-74

重要参数讲解

3D Text：生成3D类型的文字动画，列举的效果如图7-75所示。

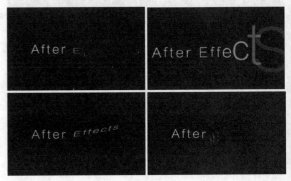

图7-75

Animate In：生成进入画面的文字动画，列举的效果如图7-76所示。

图7-76

Animate Out：生成离开画面的文字动画，列举的效果如图7-77所示。

图7-77

Blurs：生成模糊的文字动画，列举的效果如图7-78所示。

图7-78

Curves and Spins：生成旋转的文字动画，列举的效果如图7-79所示。

图7-79

Expressions：运用表达式生成特定文字形式，列举的效果如图7-80所示。

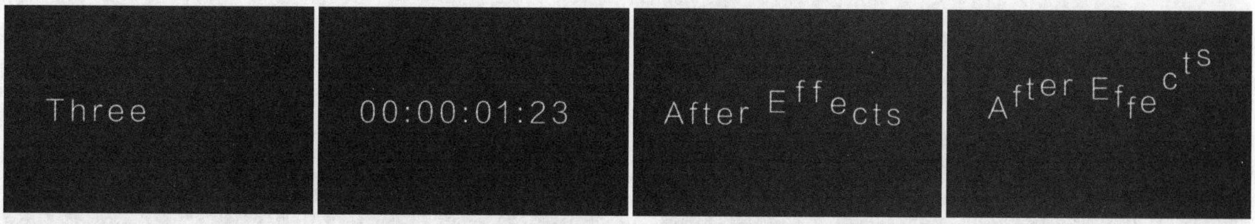

图7-80

Fill and Stroke：生成填充和描边的文字动画，列举的效果如图7-81所示。

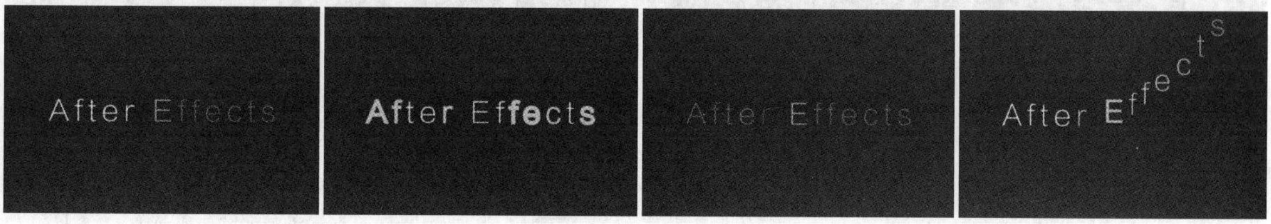

图7-81

Graphical：生成图形化的文字动画，列举的效果如图7-82所示。

图7-82

Lights and Optical：生成亮度变化的文字动画，列举的效果如图7-83所示。

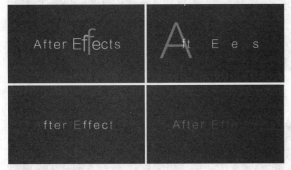

图7-83

Mechanical：生成机械性变化的文字动画，列举的效果如图7-84所示。

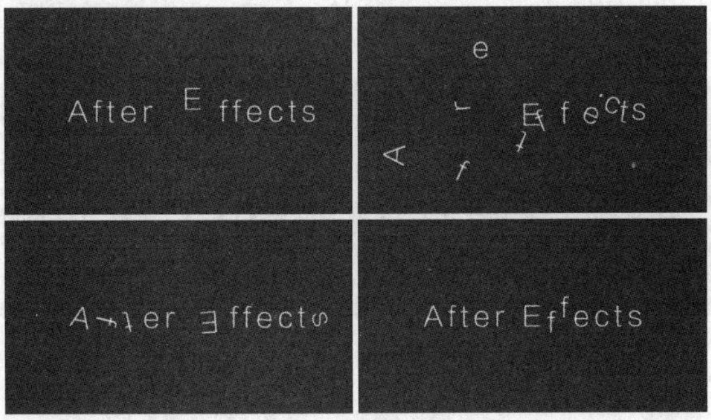

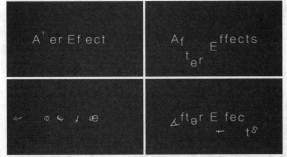

图7-84

Miscellaneous：生成混合变化的文字动画，列举的效果如图7-85所示。

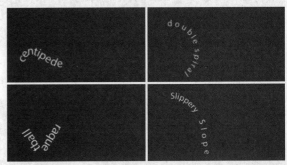

图7-85

Multi-Line：生成多种变化的文字动画，列举的效果如图7-86所示。

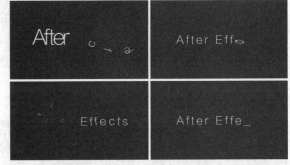

图7-86

Organic：生成有规律的文字动画，列举的效果如图7-87所示。

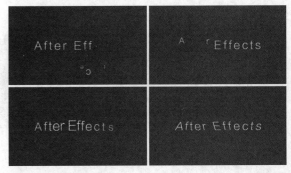

图7-87

Paths：生成路径文字动画，列举的效果如图7-88所示。

图7-88

提示 使用该卷展栏中的预设会替换原有的文本内容。

Rotation：生成旋转的文字动画，列举的效果如图7-89所示。

图7-89

Scale：生成放大或缩小的文字动画，列举的效果如图7-90所示。

图7-90

Tracking：生成位置跟踪的文字动画，列举的效果如图7-91所示。

图7-91

7.3 课堂练习

为了让读者对文本的排版和文字的效果理解得更加透彻，这里准备了两个练习供读者学习，如有不明白的地方可以观看教学视频。

7.3.1 课堂练习：制作字幕条动画

案例位置	案例文件>CH07>课堂练习：制作字幕条动画
教学视频	课堂练习：制作字幕条动画.mp4
学习目标	练习简单的文字动画制作方法

本练习需要制作一个简单的字幕条显示动画，效果如图7-92所示。

图7-92

操作提示

第1步：绘制白色的半透明矩形，并为其添加缩放动画。

第2步：在矩形上添加文字内容，并为其添加不透明度的动画。

7.3.2 课堂练习：制作文字随机移动动画

案例位置　案例文件>CH07>课堂练习：制作文字随机移动动画

教学视频　课堂练习：制作文字随机移动动画.mp4

学习目标　掌握随机类动画的制作方法

本练习需要运用动画工具制作文字的随机移动动画，效果如图7-93所示。

图7-93

操作提示

第1步：在背景图片上输入文字内容。

第2步：为文字图层添加"启用逐字3D化"属性，并添加和设置"位置"和"不透明度"属性。

第3步：在"范围选择器1"卷展栏中设置"偏移"的关键帧。

第4步：在"高级"卷展栏中设置"形状"和"随机排序"。

7.4 课后习题

为了巩固前面学习的知识，下面安排两个习题供读者复习。

7.4.1 课后习题：制作遮罩文字动画

实例位置　实例文件>CH07>课后习题：制作遮罩文字动画

教学视频　课后习题：制作遮罩文字动画.mp4

学习目标　练习运用遮罩制作文字动画效果

本习题需要将文本图层作为轨道遮罩，形成动画效果，如图7-94所示。

图7-94

操作提示

第1步：绘制矩形。

第2步：输入白色的文字作为轨道遮罩。

第3步：在矩形上添加"缩放"关键帧形成动画。

第4步：将文字图层设置为两种不同类型的"Alpha遮罩"。

7.4.2 课后习题：制作文字闪烁动画

实例位置　实例文件>CH07>课后习题：制作文字闪烁动画

教学视频　课后习题：制作文字闪烁动画.mp4

学习目标　掌握随机类动画的制作方法

本习题需要为文字图层添加"不透明度"属性，并制作随机显示的动画效果，如图7-95所示。

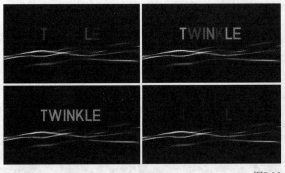

图7-95

操作提示

第1步：在背景图片上输入文字内容。

第2步：为文字添加并设置"不透明度"属性。

第3步：在"范围选择器1"卷展栏中设置"偏移"的关键帧。

第4步：在"高级"卷展栏中设置"形状"和"随机排序"。

第8章

常用滤镜

滤镜可以为简单的动画增加不同的效果。通过滤镜，能为素材添加发光、模糊、擦除和动态效果，也能为素材进行调色。本章就为读者讲解一些常用的滤镜。

课堂学习目标

● 掌握常见的调色滤镜
● 掌握常见的效果滤镜

8.1 常用的调色滤镜

调色滤镜不仅可以校正素材的颜色和亮度等属性，也可以为整个动画添加不同的色彩，营造不同的氛围。本节将讲解一些常用的调色滤镜。

本节重点内容

重点内容	说明	重要程度
曲线	调节画面的亮度和对比度	高
色相/饱和度	调节画面的颜色、饱和度和亮度	高
色调	将画面中的暗部以及亮部替换成自定义的颜色	中
颜色平衡	分别调整阴影、中间调和高光区域的红绿蓝3种颜色的浓度	中
Lumetri 颜色	强大的综合性调色效果	高

8.1.1 课堂案例：制作电影色调视频

实例文件	实例文件 > CH08>课堂案例：制作电影色调视频
教学视频	课堂案例：制作电影色调视频.mp4
学习目标	掌握调色类滤镜的使用方法

本案例使用"Lumetri 颜色"滤镜和"色相/饱和度"滤镜将一段视频素材的色调调整为电影色调，对比效果如图8-1所示。

图8-1

01 新建1920像素×1080像素的合成，然后导入学习资源"案例文件>CH11>课堂案例：制作电影色调视频"文件夹中的素材文件，如图8-2所示。

图8-2

02 为素材添加"Lumetri 颜色"滤镜，在"基本校正的""音调"卷展栏中设置"高光"为"15"，"阴影"为"−100"，"黑色"为"−30"，设置和效果如图8-3所示。

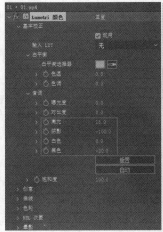

图8-3

03 在"创意"的"调整"卷栅栏中设置"淡化胶片"为"20"，"自然饱和度"为"−20"，设置和效果如图8-4所示。

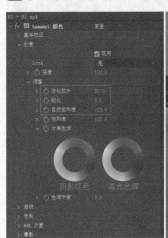

图8-4

04 在"曲线"卷展栏中调整"RGB曲线"，使画面产生电影胶片质感，设置和效果如图8-5所示。

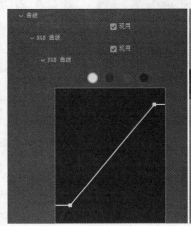

图8-5

05 在"色轮"卷展栏中设置"阴影"为蓝色,"中间调"为青色,"高光"为黄色,设置和效果如图8-6所示。

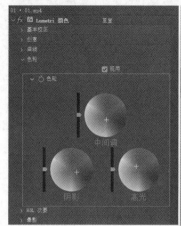

图8-6

06 在"晕影"卷展栏中设置"数量"为"−2",这样就添加了晕影效果,设置和效果如图8-7所示。

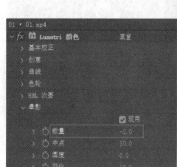

图8-7

07 继续添加"色相/饱和度"滤镜,设置"通道控制"为"红色","红色色相"为"0x+11°",如图8-8所示。

08 切换"通道控制"为"黄色",设置"黄色色相"为"0x−19°",如图8-9所示。

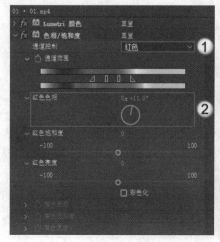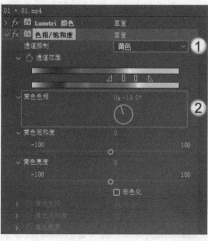

图8-8　　　　　　　　　　　　　　　　　　　　图8-9

09 切换"通道控制"为"洋红",设置"洋红色相"为"0x+80°",如图8-10所示。效果如图8-11所示。

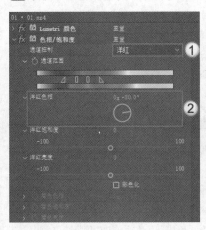

图8-10   图8-11

10 新建黑色的"纯色"图层,缩短其宽度并将其放在画面下方,如图8-12所示。

11 将上一步创建的黑色图层复制一份,移动到画面顶端,如图8-13所示。

图8-12   图8-13

12 在时间轴上任意截取4帧,案例的最终效果如图8-14所示。

图8-14

8.1.2 曲线

使用"曲线"滤镜可以在一次操作中就精确地完成图像整体或局部的对比度、色调范围和色彩的调节。色彩校正可以让作品获得更多的自由度，甚至可以让糟糕的镜头重新焕发光彩。想让整个画面明朗一些，或细节表现得更加丰富，或拉开暗调反差，"曲线"滤镜都是不二的选择。

执行"效果>颜色校正>曲线"菜单命令，在"效果控件"面板中展开"曲线"卷展栏，如图8-15所示。

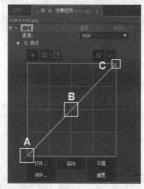

图8-15

曲线左下角的端点A代表暗调（黑场），中间的B代表中间调（灰场），右上角的端点C代表高光（白场）。曲线设置区域的水平轴表示输入色阶，垂直轴表示输出色阶。曲线初始状态的色调范围显示为45°的对角基线，因为输入色阶和输出色阶是完全相同的。曲线往上移动就是加亮，往下移动就是减暗，加亮的极限是255，减暗的极限是0。"曲线"滤镜与Photoshop中的曲线命令的功能极其相似。

重要参数讲解

通道：选择需要调整的色彩通道。包括"RGB""红色""绿色""蓝色""Alpha"，如图8-16所示。

图8-16

曲线：通过调整曲线的坐标或形状来调整图像的色调。

» **切换**　　：用来切换操作区域的大小。

» **曲线工具**　：使用该工具可以在曲线上添加节点，并且可以移动添加的节点。如果要删除节点，只需要将选择的节点拖曳到曲线图之外即可。

» **铅笔工具**　：使用该工具可以在坐标图上任意绘制曲线。

» **打开**　　：打开保存好的曲线文件，也可以打开Photoshop中的曲线文件。

» **自动**　　：自动修改曲线，增加应用图层的对比度。

» **平滑**　　：使用该工具可以让曲线变得更加平滑。

» **保存**　　：将当前色调曲线存储起来，以便以后重复利用。保存好的曲线文件可以应用到Photoshop中。

» **重置**　　：将曲线恢复到默认的直线状态。

8.1.3 色相/饱和度

"色相/饱和度"滤镜可以调整图像的色调、亮度和饱和度。具体来说，使用"色相/饱和度"滤镜可以调整图像中单个颜色的色相、饱和度和亮度，是一个功能非常强大的图像颜色调整工具。

执行"效果>颜色校正>色相/饱和度"菜单命令，在"效果控件"面板中展开"色相/饱和度"滤镜的属性，如图8-17所示。

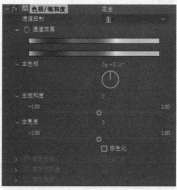

图8-17

重要参数讲解

通道控制：控制受滤镜影响的通道，默认设置为"主"，表示影响所有的通道。如果选择其他通道，通过"通道范围"选项可以查看通道受滤镜影响的范围。

通道范围：显示通道受滤镜影响的范围。

主色相：控制所调节颜色通道的色调。

主饱和度：控制所调节颜色通道的饱和度。

主亮度：控制所调节颜色通道的亮度。

彩色化：控制是否将图像设置为彩色图像。选择该选项之后，将激活"着色色相""着色饱和度""着色亮度"属性。

着色色相：将灰度图像转换为彩色图像。

着色饱和度：控制彩色化图像的饱和度。

着色亮度：控制彩色化图像的亮度。

> **提示** 在"主饱和度"属性中，数值越大饱和度越高，反之饱和度越低，其数值的范围为-100~100。在"主亮度"属性中，数值越大，亮度就越高，反之就越低，数值的范围为-100~100。

8.1.4 色调

"色调"滤镜可以将画面中的暗部以及亮部替换成自定义的颜色，如图8-18所示。

图8-18

执行"效果>颜色校正>色调"菜单命令，在"效果控件"面板中展开"色调"滤镜的属性，如图8-19所示。

图8-19

重要参数讲解

将黑色映射到：将图像中的黑色替换成指定的颜色。

将白色映射到：将图像中的白色替换成指定的颜色。

着色数量：设置染色的作用程度，"0%"表示完全不起作用，"100%"表示完全作用于画面。

8.1.5 颜色平衡

"颜色平衡"滤镜可以分别调整阴影、中间调和高光区域的红绿蓝3种颜色的浓度，使画面产生色调变化，其滤镜属性如图8-20所示。

图8-20

重要参数讲解

阴影红色平衡：增加或减少阴影区域的红色浓度，如图8-21所示。

图8-21

阴影绿色平衡：增加或减少阴影区域的绿色浓度，如图8-22所示。

图8-22

阴影蓝色平衡：增加或减少阴影区域的蓝色浓度，如图8-23所示。

图8-23

中间调红色平衡：增加或减少中间调区域的红色浓度，如图8-24所示。

图8-24

中间调绿色平衡：增加或减少中间调区域的绿色浓度，如图8-25所示。

图8-25

中间调蓝色平衡：增加或减少中间调区域的蓝色浓度，如图8-26所示。

图8-26

高光红色平衡：增加或减少高光区域的红色浓度，如图8-27所示。

图8-27

高光绿色平衡：增加或减少高光区域的绿色浓度，如图8-28所示。

图8-28

高光蓝色平衡：增加或减少高光区域的蓝色浓度，如图8-29所示。

图8-29

保持发光度：勾选该选项后，会保持原有画面的亮度，同时更改通道颜色的浓度，如图8-30所示。

图8-30

8.1.6 Lumetri颜色

"Lumetri 颜色"是一款强大的综合性调色滤镜，内置多种类型参数，如图8-31所示。

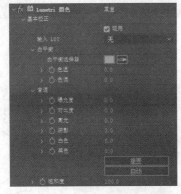

图8-31

1.基本校正

在"基本校正"卷展栏中可以简单调整画面的色调、亮度和饱和度，如图8-32所示。

图8-32

输入LUT：在下拉菜单中可以选择软件自带的LUT预设，也可以加载外部的LUT文件，如图8-33所示。加载LUT文件后，可以快速调色，效果如图8-34所示。

图8-33

图8-34

色温：当数值小于0时，画面偏蓝色；当数值大于0时，画面偏黄色，如图8-35所示。

图8-35

色调：当数值小于0时，画面偏绿色；当数值大于0时，画面偏洋红色，如图8-36所示。

图8-36

曝光度：增加或减少画面的曝光度，如图8-37所示。

图8-37

对比度：加强或减弱画面的明暗对比，如图8-38所示。

图8-38

高光：提高或降低画面中的高光亮度，如图8-39所示。

图8-39

阴影：提高或降低画面中的阴影亮度，如图8-40所示。

图8-40

白色：提高或降低画面高光区域的亮度，如图8-41所示。

图8-41

黑色：提高或降低画面阴影区域的亮度，如图8-42所示。

图8-42

提示 相信有些读者会有疑问，调节"高光"和"白色"后的效果似乎差别不大，"阴影"和"黑色"也有相同的感觉，那么实际在调节画面亮度时应该怎么区分参数？

通过眼睛观察画面似乎差别不大，但通过"Lumetri 范围"面板就能直观地看到不同。将软件界面的类型切换为"颜色"时，能在界面中找到"Lumetri 范围"面板，如图8-43所示。

图8-43

当设置"高光"或"白色"为"–100"时，"Lumetri 范围"面板中的颜色分布明显不同，如图8-44所示。"白色"会让处于亮部的颜色整体变暗，画面缺少颜色层次；而"高光"会使部分颜色变暗，画面层次依然存在。

当设置"阴影"或"黑色"为"100"时，"Lumetri 范围"面板中的颜色分布如图8-45所示。因此，读者在调节画面亮度时，不能仅依靠眼睛观察画面效果，还需要参考"Lumetri 范围"面板中的颜色分布图进行校正。

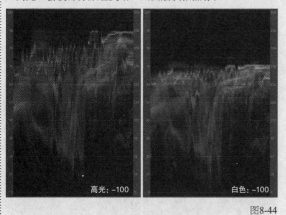
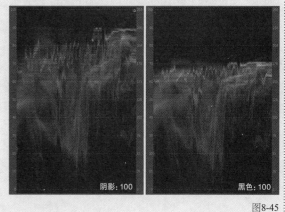

图8-44

图8-45

饱和度：增加或减少画面颜色的饱和度。

2.创意

在"创意"卷展栏中可以为画面增加颜色滤镜，调整锐化和色调等，如图8-46所示。

Look：在下拉菜单中可以选择不同的颜色滤镜，也可以加载外部滤镜，如图8-47所示。部分效果如图8-48所示。

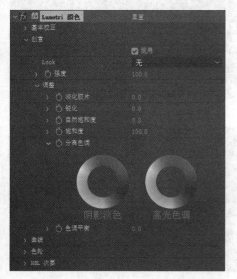

图8-46

图8-47

图8-48

强度：控制滤镜的强度。

淡化胶片：增加该数值会让画面产生胶片感，如图8-49所示。

图8-49

锐化：增加画面的锐化效果。

自然饱和度：增强或减弱画面的饱和度。相比"饱和度"的强烈变化，"自然饱和度"会让画面颜色的过渡更加柔和。

分离色调：在色轮上单独设置阴影和高光的色调。

> **提示** 双击色轮上的标记，就能还原为原有色调。

色调平衡：用于调整阴影和高光的色调比例。

3.曲线

在"曲线"卷展栏中可以通过调整曲线来调整画面的亮度、色阶、色相和饱和度等，如图8-50所示。

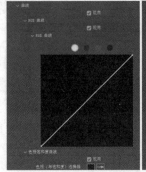

图8-50

RGB曲线：与"曲线"的用法一样，通过调整曲线，提高或降低画面的亮度，也可以调整3个色彩通道。

色相与饱和度：通过曲线调整颜色的饱和度，如图8-51所示。

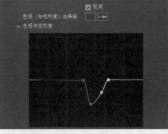

图8-51

色相与色相：通过曲线更改色相，如图8-52所示。

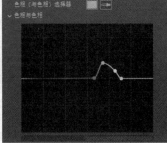

图8-52

色相与亮度：通过曲线调整颜色的亮度，如图8-53所示。

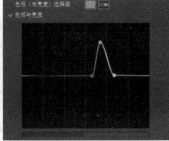

图8-53

4.色轮

在"色轮"卷栅栏中可以分别调整画面的阴影、中间调和高光区域的色调，如图8-54所示。

图8-54

5.HSL次要

在"HSL次要"卷展栏中可以选择多个颜色，并更改色调、锐化和饱和度，如图8-55所示。

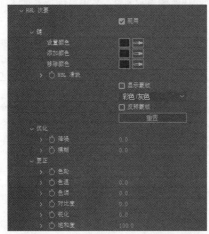

图8-55

设置颜色：吸取画面中需要更改的颜色。

添加颜色：吸取画面中需要更改的另一种颜色。

HSL滑块：展开卷展栏，可以通过滑块调整拾取颜色的范围，如图8-56所示。

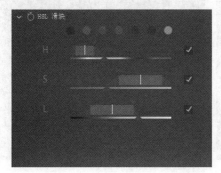

图8-56

显示蒙版：勾选该选项，吸取的颜色以外的部分会呈现灰色蒙版，如图8-57所示。

图8-57

降噪/模糊：用于调整蒙版的边缘。

6.晕影

在"晕影"卷展栏中可以为画面添加黑色或白色的暗角，如图8-58所示。

图8-58

数量：当该数值大于0时，添加白色暗角；当该数值小于0时，添加黑色暗角，如图8-59所示。

数量：5

数量：-5

图8-59

中点：调整暗角的范围，如图8-60所示。

图8-60

圆度：调整暗角的形状是椭圆形还是圆形。

羽化：设置暗角边缘的羽化效果。

8.2 常用的效果滤镜

在"效果和预设"面板中，除了上一节讲到的调色类滤镜外，还有效果类滤镜。本节就为读者讲解日常工作中常用的效果滤镜。

本节重点内容

重点内容	说明	重要程度
发光	产生发光变亮的效果	高
高斯模糊	使画面模糊	高
线性擦除	以直线的运动方式擦除图层的内容	高
分形杂色	生成一个黑白相间的图层	高
动态拼贴	将素材图层进行复制，形成矩阵式排列的效果	中
梯度渐变	为图层添加带颜色渐变的效果	中

8.2.1 课堂案例：制作发光霓虹灯

案例文件	案例文件>CH08>课堂案例：制作发光霓虹灯
教学视频	课堂案例：制作发光霓虹灯.mp4
学习目标	掌握发光效果滤镜的使用方法

本案例使用"发光"效果滤镜模拟霓虹灯产生的辉光，效果如图8-61所示。

01 新建1920×1080像素的合成，并在"项目"面板中导入学习资源"案例文件>CH08>课堂案例：用发光效果制作霓虹灯"文件夹中的"背景.jpg"文件，如图8-62所示。

图8-61

图8-62

02 将"背景.jpg"素材文件拖曳到"时间轴"面板中，并调整其大小，如图8-63所示。

03 新建文本图层，输入"summer"，具体参数及效果如图8-64所示。

  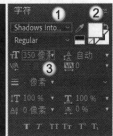

图8-63　　　　　　　　　　　　　　　　　　　　　　　　图8-64

04 选中文本图层，然后将其适当放大并旋转角度，效果如图8-65所示。

05 在"效果和预设"面板中搜索"投影"效果，并添加到文本图层上，设置"阴影颜色"为灰色，"距离"为"20"，"柔和度"为"60"，具体设置和效果如图8-66所示。

 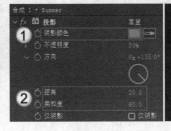 

图8-65　　　　　　　　　　　　　　　　　　　　　　　　图8-66

06 在"效果和预设"面板中搜索"四色渐变"效果，并添加到文本图层上，具体参数及效果如图8-67所示。

图8-67

> **提示**　"效果控件"面板中的效果会按照不同的顺序在"合成"面板中呈现不一样的效果。如果先添加"四色渐变"效果再添加"投影"效果，投影就只会呈现固定的颜色，如图8-68所示。

图8-68

07 在"效果和预设"面板中搜索"发光"效果，并添加到文本图层上。设置"发光阈值"为"60%"，"发光半径"为"10"，"发光强度"为"3"，具体设置和效果如图8-69所示。

图8-69

08 按快捷键Ctrl+D复制"发光"效果，修改复制出的"发光"效果的"发光阈值"为"80%"，"发光半径"为"150"，"发光强度"为"1"，如图8-70所示。案例最终效果如图8-71所示。

图8-70   图8-71

8.2.2 发光

　　"发光"滤镜是常用的滤镜之一，可以对图层产生发光变亮的效果，如图8-72所示。在"效果控件"面板中可以设置发光的颜色和强度等属性，如图8-73所示。

图8-72   图8-73

重要参数讲解

发光基于：设置发光所使用的通道，默认为"颜色通道"，还可以选择"Alpha通道"。

发光阈值：设置发光的范围。数值越大，发光越不明显，如图8-74所示。

发光阈值：60%   发光阈值：100%

图8-74

发光半径：设置亮度所照射的范围，数值越大，照射的范围就越大，如图8-75所示。

发光半径：10 发光半径：50

图8-75

发光强度：控制发光的亮度大小。

发光操作：控制发光与原始图层的混合模式，默认为"相加"，在下拉菜单中还可以选择其他混合模式，如图8-76所示。

发光颜色：设置发光所呈现的颜色，在下拉菜单中有3种颜色显示方式可以选择，如图8-77所示，我们讲解常用的两种。

图8-76   图8-77

  » **原始颜色**：在图层本身的颜色基础上形成发光效果。

  » **A和B颜色**：通过下方"颜色A"和"颜色B"属性设置发光颜色。

颜色循环：当设置"发光颜色"为"A和B颜色"时，可以通过该属性设置颜色的呈现方式，如图8-78所示。

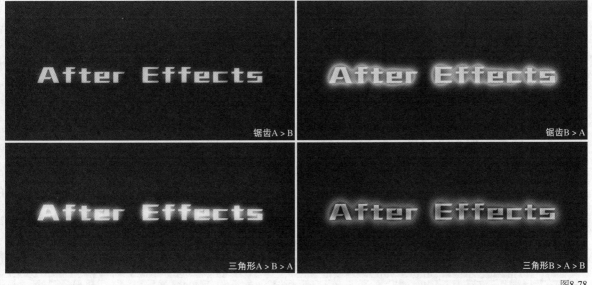

锯齿A > B 锯齿B > A

三角形A > B > A 三角形B > A > B

图8-78

颜色循环：当设置"发光颜色"为"A和B颜色"时，通过该数值可以设置A和B颜色的循环效果，如图8-79所示。

图8-79

色彩相位：当设置"发光颜色"为"A和B颜色"时，通过调整不同的角度来显示发光的效果，如图8-80所示。

色彩相位：0°　　　　　　　　色彩相位：130°

图8-80

A和B中点：当设置"发光颜色"为"A和B颜色"时，通过该数值控制两个颜色的中点。

颜色A/颜色B：当设置"发光颜色"为"A和B颜色"时，控制两个点的发光颜色。

发光维度：在下拉菜单中选择发光的方向，效果如图8-81所示。

水平和垂直　　　　　　　　水平　　　　　　　　垂直

图8-81

8.2.3 高斯模糊

"高斯模糊"效果滤镜可以使画面产生模糊，如图8-82所示。在"效果控件"面板中可以设置模糊的强度和方向，如图8-83所示。

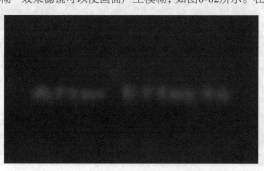

图8-82　　　　　　　　　　图8-83

重要参数讲解

模糊度：设置模糊的强度，数值越大，就越模糊。

模糊方向：在下拉菜单中选择不同的模糊方向，效果如图8-84所示。

水平和垂直　　　水平　　　垂直

图8-84

重复边缘像素：模糊后图像的边缘可能会出现黑色的区域，勾选该选项后就可以消除这些黑色区域。

8.2.4 线性擦除

"线性擦除"滤镜是以直线的运动轨迹擦除图层内容的，如图8-85所示。在"效果控件"面板中可以设置擦除的量和角度，如图8-86所示。

图8-85　　　图8-86

重要参数讲解

过渡完成：设置擦除量，设置为"100%"时表示完全擦除。

擦除角度：设置擦除的方向。

羽化：设置擦除边缘的羽化效果，效果如图8-87所示。

图8-87

8.2.5 分形杂色

"分形杂色"滤镜会生成一个黑白相间的图层，其使用方式很灵活，效果如图8-88所示。在"效果控件"面板中可以设置相关的参数，如图8-89所示。

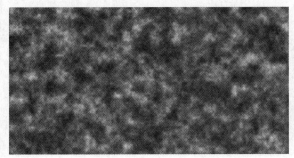

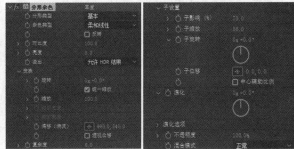

图8-88　　　图8-89

重要参数讲解

分形类型：设置黑白花纹的分布类型。在下拉菜单中可以选择不同的类型，如图8-90所示。

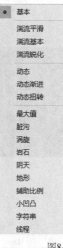

图8-90

杂色类型：设置黑白花纹的显示模式，如图8-91所示。

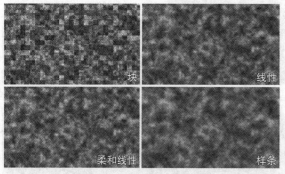

图8-91

反转：勾选该选项后，会调换黑白颜色区域的颜色。

对比度：控制黑白区域的对比效果，数值越大，黑白颜色的区分越明显，如图8-92所示。

图8-92

亮度：控制画面整体的亮度。

旋转：控制画面的旋转角度。

统一缩放：默认勾选该选项，会同时在宽度和高度上进行等比例缩放。不够选该选项时，"缩放"选项会分成"缩放宽度"和"缩放高度"两个参数。

偏移（湍流）：设置画面的平移效果，设置该参数时一般会添加关键帧。

子影响（%）：设置花纹的精细度，数值越大，花纹越精细，如图8-93所示。

子影响（%）：70　　　　子影响（%）：90

图8-93

演化：设置黑白花纹的变化效果，设置该参数时一般会添加关键帧。

不透明度：设置黑白花纹的不透明度。

8.2.6　动态拼贴

"动态拼贴"滤镜会将素材图层进行复制，从而形成矩阵式排列的效果，如图8-94所示。在"效果控件"面板中可以设置复制的数量等信息，如图8-95所示。

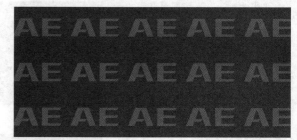

图8-94

图8-95

重要参数讲解

拼贴中心：调整拼贴素材的位置。

拼贴宽度/拼贴高度：调整复制素材的大小，取值为0~100。当小于100时，会缩小画面中的素材内容，并增加复制素材的个数，如图8-96所示。

图8-96

输出宽度/输出高度：设置复制素材的横向和纵向的个数，如图8-97所示。

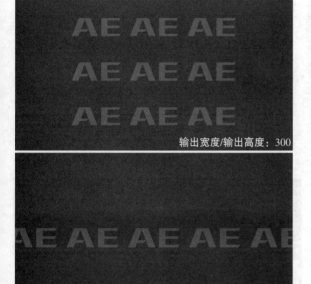

输出宽度/输出高度：300

输出宽度：500/输出高度：100

图8-97

镜像边缘：勾选该选项后，素材之间会产生镜像效果，如图8-98所示。

图8-98

相位：调整角度的数值，会改变复制素材之间的位置，如图8-99所示。

相位：90°

图8-99

水平位移：勾选该选项后调整"相位"的角度，会在水平方向产生位移效果，如图8-100所示。

图8-100

8.2.7 梯度渐变

"梯度渐变"滤镜是为图层添加带颜色渐变的一种效果，如图8-101所示。在"效果控件"面板中可以设置其相关属性，如图8-102所示。

图8-101

图8-102

重要参数讲解

渐变起点：渐变的起始颜色的位置。单击■按钮，在画面中任意位置单击，就能快速确定起始位置。

起始颜色：设置起始位置的渐变颜色。

渐变终点：渐变的结束颜色的位置。单击■按钮，在画面中的任意位置单击，就能快速确定结束位置。

结束颜色：设置结束位置的渐变颜色。

渐变形状：有"线性渐变"和"径向渐变"两种模式，如图8-103所示。

图8-103

渐变散射：设置两个渐变颜色之间的混合效果，数值越大，渐变过渡的杂点越多，如图8-104所示。

与原始图像混合：设置渐变色与原始图层颜色的混合量。

交换颜色：单击该按钮，会交换"起始颜色"和"结束颜色"两个颜色。

提示　"效果和预设"面板中的滤镜非常多，逐一去查找会很慢。建议读者在搜索框中输入滤镜的关键字，软件就可以智能查找列出相关的滤镜。将滤镜拖曳到相关的图层上，就可以通过滤镜控制图层的显示效果。

图8-104

8.3 课堂练习

在前面读者学习了很多常用的滤镜，对于滤镜的学习，单单靠死记硬背是不行的，应该多加练习，做到熟能生巧。这里准备了两个练习供读者操练。

8.3.1 课堂练习：制作冷色调视频

实例文件	实例文件 > CH08>课堂练习：制作冷色调视频
教学视频	课堂练习：制作冷色调视频.mp4
学习目标	掌握调色类滤镜的使用方法

本练习使用"曲线"和"色相/饱和度"滤镜将一幅图片的暖色调调整为冷色调，对比效果如图8-105所示。

图8-105

操作提示

第1步：添加"曲线"滤镜，通过3个颜色通道将图片调整为冷色调。

第2步：添加"色相/饱和度"滤镜进一步调整不同颜色通道的饱和度和亮度。

8.3.2 课堂练习：制作动态文本动画

案例文件　案例文件>CH08>课堂案例：制作动态文本动画

教学视频　课堂案例：制作动态文本动画.mp4

学习目标　掌握"分形杂色"滤镜的使用方法

本练习运用"分形杂色"滤镜制作文字在置换时的动画效果，如图8-106所示。

图8-106

操作提示

第1步：在背景上输入文字内容。

第2步：新建"纯色"图层并添加"分形杂色"效果。

第3步：在文字图层上添加"置换"滤镜，并链接带有"分形杂色"的图层。

8.4 课后习题

为了帮助读者巩固所学知识，这里安排了两个课后习题供读者自己练习。

8.4.1 课后习题：制作小清新色调的视频

案例文件　实例文件>CH08>课后习题：制作小清新色调的视频

教学视频　课后习题：制作小清新色调的视频.mp4

学习目标　练习调色类滤镜的用法

本习题使用"Lumetri颜色"滤镜将素材调整为小清新风格的色调，对比效果如图8-107所示。

图8-107

操作提示

第1步：在图层上添加"Lumetri颜色"滤镜。

第2步：调整"Lumetri颜色"滤镜的相关参数。

8.4.2 课后习题：制作发光边框

案例文件　案例文件 > CH08>课后习题：制作发光边框

教学视频　课后习题：制作发光边框.mp4

学习目标　练习"发光"滤镜的使用方法

　　本习题使用"发光"滤镜为绘制的边框添加辉光效果，如图8-108所示。

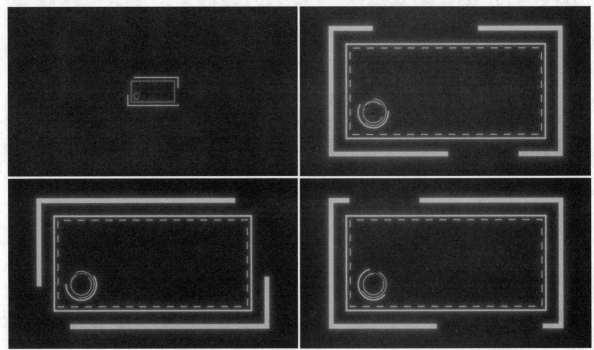

图8-108

操作提示

第1步：绘制边框的各个元素。

第2步：为边框元素添加动画。

第3步：为边框元素添加"发光"滤镜。

第9章

键控技术

键控是影视拍摄制作中的常用技术，在很多著名的影视大片中，那些气势恢宏的场景和令人瞠目结舌的特效都使用了大量的键控。本章将详细介绍"键控"滤镜组、"遮罩"滤镜组和其他抠图工具的用法及技巧。

课堂学习目标

- 了解键控技术的基本原理
- 掌握"键控"滤镜组的用法
- 掌握"遮罩"滤镜组的用法
- 熟悉其他抠图工具的用法

9.1 键控技术简介

键控一词是从早期电视制作中得来的，英文名称为Key，意思是吸取画面中的某一种颜色，将其从画面中去除，从而留下主体，形成两层画面的叠加合成。例如，把一个人物从画面中抠出来之后和一段爆炸的素材合成到一起，形成非常火爆的效果，这些特技镜头效果常常会在荧屏中见到。

一般情况下，在拍摄需要键控的画面时，都使用蓝色或绿色的幕布作为背景或载体。这是因为人体中含有的蓝色和绿色是最少的，另外，蓝色和绿色也是三原色（RGB）中的两种主要颜色，颜色纯正，方便后期处理，如图9-1所示。

图9-1

After Effects的键控功能日益完善和强大。一般情况下，用户可以通过"键控"和"遮罩"滤镜组实现相关应用，有些镜头的键控也需要蒙版、图层的混合模式、跟踪遮罩和画笔等工具来辅助完成。

总体来说，键控的好坏取决于两个方面，一方面是前期拍摄的源素材，另一方面是后期合成制作中的键控技术。针对不同的镜头，其键控的方法和结果也不尽相同。

9.2 "键控"滤镜组

在After Effects中，键控是通过定义图像中特定范围内的颜色值或亮度值来获取透明通道的。当这些特定值的像素被抠出时，所有具有相同颜色或亮度的像素都将变成透明状态。将图像抠出来后，就可以将其运用到特定的背景中，以获得镜头所需的视觉效果，如图9-2所示。

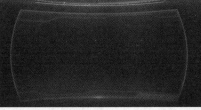

图9-2

在After Effects 中，所有的"键控"滤镜都集中在"抠像"和"过时"两个子菜单中，如图9-3所示。

Advanced Spill Suppressor	亮度键
CC Simple Wire Removal	减少交错闪烁
Key Cleaner	基本 3D
内部/外部键	基本文字
差值遮罩	溢出抑制
提取	路径文本
线性颜色键	闪光
颜色范围	颜色键
颜色差值键	高斯模糊（旧版）

图9-3

本节重点内容

重点内容	说明	重要程度
颜色差值键	两个不同起点的蒙版来创建透明度信息	中
颜色键	通过指定颜色抠出图像	高
颜色范围	任意一个颜色空间中通过指定的颜色范围抠出图像	中
差值遮罩	通过素材抠出前景	中
提取	将指定的亮度范围内的像素抠出	中
内部/外部键	适用于抠取毛发	中
线性颜色键	通过指定颜色抠出图像	高
亮度键	抠出画面中指定的亮度区域	中
溢出抑制	消除抠像之后残留的颜色	高

9.2.1 课堂案例：制作新闻演播室

案例文件　案例文件>CH09>课堂案例：制作新闻演播室
教学视频　课堂案例：制作新闻演播室.mp4
学习目标　掌握线性颜色键的使用方法

本案例需要将一个带绿幕的主持人素材合成到背景素材上，效果如图9-4所示。

图9-4

01 新建1920像素×1080像素的合成，然后导入学习资源"案例文件 > CH09>课堂案例：制作新闻演播室"文件夹中的素材文件，如图9-5所示。

02 将两个素材文件添加到"时间轴"面板中，使"01.mp4"图层在顶层，如图9-6所示。效果如图9-7所示。

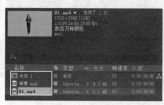

图9-5　　　　　　　　　　　　　　图9-6　　　　　　　　　　　　　　图9-7

03 在"效果和预设"面板中搜索"线性颜色键"滤镜，然后添加到"01.mp4"图层上，在"效果控件"面板中设置"主色"为绿色，如图9-8所示。效果如图9-9所示。

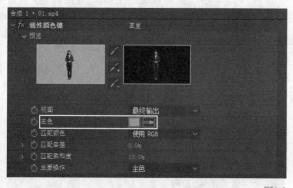

图9-8　　　　　　　　　　　　　　　　　　　　　　　　　　　　图9-9

04 仔细观察发现人像的边缘还残留绿色的背景痕迹。设置"匹配容差"为"3％"，尽可能消除边缘的绿色，如图9-10所示。效果如图9-11所示。

图9-10　　　　　　　　　　　　　　　　　　　　　　　　　　　　图9-11

05 选中"01.mp4"图层,设置"缩放"为"90%,90%",然后移动图层的位置,效果如图9-12所示。

图9-12

06 将人像素材图层复制一层,然后添加"填充"效果,设置"颜色"为蓝色,如图9-13所示。效果如图9-14所示。

图9-13

图9-14

07 将复制图层的"模式"调整为"柔光",并设置"不透明度"为"50%",如图9-15所示。这样就可以统一人像素材与背景的色调了,如图9-16所示。

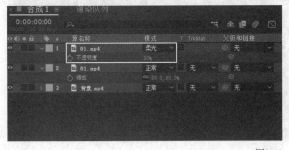

图9-15

图9-16

08 在时间轴上截取4帧,案例的最终效果如图9-17所示。

图9-17

9.2.2 颜色差值键

"颜色差值键"滤镜可以将图像分成A、B两个不同起点的蒙版来创建透明度信息。蒙版B基于指定抠出的颜色来创建透明度信息，蒙版A则基于图像区域中不包含第2种不同颜色来创建透明度信息，结合A、B蒙版就创建出了Alpha蒙版，通过这种方法，"颜色差值键"可以创建出很精确的透明度信息，适合抠取具有透明和半透明区域的图像，如烟、雾和阴影等，如图9-18所示。

图9-18

执行"效果>键控>颜色差值键"菜单命令，在"效果控件"面板中展开"颜色差值键"滤镜的属性，如图9-19所示。

图9-19

重要参数讲解

视图：共有9种视图查看模式，如图9-20所示。

» **源**：显示原始的素材。

» **未校正遮罩部分**A：显示没有修正的图像的遮罩A。

» **已校正遮罩部分**A：显示已经修正的图像的遮罩A。

» **未校正遮罩部分**B：显示没有修正的图像的遮罩B。

```
源
未校正遮罩部分 A
已校正遮罩部分 A
未校正遮罩部分 B
已校正遮罩部分 B
未校正遮罩
已校正遮罩
● 最终输出

已校正[A，B，遮罩]，最终
```
图9-20

» **已校正遮罩部分**B：显示已经修正的图像的遮罩B。

» **未校正遮罩**：显示没有修正的图像的遮罩。

» **已校正遮罩**：显示修正的图像的遮罩。

» **最终输出**：最终的画面显示。

» **已校正[A，B，遮罩]，最终**：同时显示遮罩A、遮罩B、修正的遮罩和最终输出的结果。

主色：用来采样拍摄的动态素材幕布的颜色。

颜色匹配准确度：设置颜色匹配的精度，包含"更快"和"更准确"两个选项。

黑色区域的A部分：控制A通道的透明区域。

白色区域的A部分：控制A通道的不透明区域。

A部分的灰度系数：用来影响图像的灰度范围。

黑色区域外的A部分：控制A通道的透明区域的不透明度。

白色区域外的A部分：控制A通道的不透明区域的不透明度。

黑色的部分B：控制B通道的透明区域。

白色区域中的B部分：控制B通道的不透明区域。

B部分的灰度系数：用来设置图像的灰度范围。

黑色区域外的B部分：控制B通道的透明区域的不透明度。

白色区域外的B部分：控制B通道的不透明区域的不透明度。

黑色遮罩：控制Alpha通道的透明区域。

白色遮罩：控制Alpha通道的不透明区域。

遮罩灰度系数：用来设置图像Alpha通道的灰度范围。

> **提示** 该滤镜看似参数繁多，但在实际操作中非常简单。在指定抠出颜色后，将"视图"模式切换为"已校正遮罩"后，修改"黑色遮罩""白色遮罩""遮罩灰度系数"参数，最后将"视图"模式切换为"最终输出"即可。

9.2.3 颜色键

"颜色键"滤镜可以通过指定一种颜色，将图像中处于这个颜色范围内的图像抠出，使其变为透明，如图9-21所示。执行"效果>过时>颜色键"菜单命令，在"效果控件"面板中展开"颜色键"滤镜的属性，如图9-22所示。

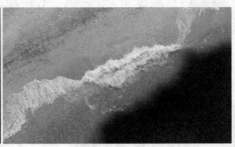

图9-21　　　　　　　　　　　　　　　　　　　　　　　　　图9-22

重要参数讲解

主色：设置需要抠出的颜色。

颜色容差：设置颜色的容差值。容差值越高，与指定颜色越相近的颜色就越透明。

薄化边缘：用于调整抠出区域的边缘。正值为扩大遮罩范围，负值为缩小遮罩范围。

羽化边缘：用于羽化抠出的图像的边缘。

> **提示**　使用"颜色键"滤镜进行抠像只能产生透明和不透明两种效果，所以它只适合抠出背景颜色变化不大、前景完全不透明以及边缘比较精确的素材。对于前景为半透明，背景比较复杂的素材，"颜色键"滤镜就无能为力了。

9.2.4 颜色范围

"颜色范围"滤镜可以在Lab、YUV或RGB任意一个颜色空间中通过指定的颜色范围来设置抠出的颜色。执行"效果>过时>颜色范围"菜单命令，在"效果控件"面板中可展开"颜色范围"滤镜的属性，如图9-23所示。

图9-23

重要参数讲解

模糊：用于调整边缘的柔化度。

色彩空间：指定抠出颜色的模式，包括Lab、YUV和RGB这3种颜色模式，如图9-24所示。

最小值（L，Y，R）：如果"色彩空间"模式为Lab，则控制该色彩的第1个值L；如果是YUV模式，则控制该色彩的第1个值Y；如果是RGB模式，则控制该色彩的第1个值R。

最大值（L，Y，R）：控制第1组数据的最大值。

最小值（a，U，G）：如果"色彩空间"模式为Lab，则控制该色彩的第2个值a；如果是YUV模式，则控制该色彩的第2个值U；如果是RGB模式，则控制该色彩的第2个值G。

图9-24

最大值（a，U，G）：控制第2组数据的最大值。

最小值（b，V，B）：控制第3组数据的最小值。

最大值（b，V，B）：控制第3组数据的最大值。

> **提示** 如果镜头画面中有多种颜色，或者背景是灯光不均匀的蓝屏或绿屏，那么"颜色范围"滤镜将会很容易解决抠像问题。

9.2.5 差值遮罩

"差值遮罩"滤镜的基本思想是先把前景物体和背景一起拍摄下来，然后保持机位不变，去掉前景物体，单独拍摄背景。这样拍摄出来的两个画面相比较，在理想状态下，背景部分是完全相同的，而前景部分则是不同的，这些不同的部分就是需要的Alpha通道。执行"效果>过时>差值遮罩"菜单命令，可在"效果控件"面板中展开"差值遮罩"滤镜的属性，如图9-25所示。

图9-25

重要参数讲解

差值图层：选择用于对比的差异图层，可以用于抠出运动幅度不大的背景。

如果图层大小不同：当对比图层的尺寸不同时，该选项用于对图层进行相应处理，包括"居中"和"伸缩以合适"两个选项。

匹配容差：用于指定匹配容差的范围。

匹配柔和度：用于指定匹配容差的柔和程度。

差值前模糊：用于模糊比较相似的像素，从而清除合成图像中的杂点（这里的模糊只是计算机在进行比较运算时进行模糊，而最终输出的结果并不会产生模糊效果）。

> **提示** 在没有条件进行蓝屏抠像时，就可以采用这种手段。但是即使机位完全固定，两次实际拍摄的效果也不会是完全相同的，光线的微妙变化、胶片的颗粒以及视频的噪波等都会使再次拍摄的背景有所不同，所以这样得到的通道通常都很不干净。

9.2.6 提取

"提取"滤镜可以将指定的亮度范围内的像素抠出，使其变成透明像素。该滤镜适用于背景是白色或黑色的素材，或前景和背景的亮度反差比较大的镜头，如图9-26所示。

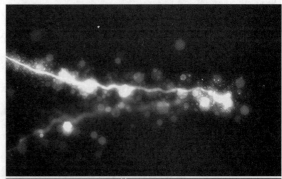

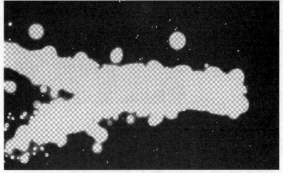

图9-26

执行"效果>过时>提取"菜单命令，可在"效果控件"面板中展开"提取"滤镜的属性，如图9-27所示。

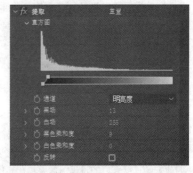

图9-27

重要参数讲解

通道：用于选择抠取颜色的通道，包括"明亮度""红色""绿色""蓝色""Alpha"这5个通道。

黑场：用于设置黑色点的透明范围，小于黑色点的颜色将变得透明。

白场：用于设置白色点的透明范围，大于白色点的颜色将变得透明。

黑色柔和度：用于调节暗色区域的柔和度。

白色柔和度：用于调节亮色区域的柔和度。

反转：反转透明区域。

> **提示** "提取"滤镜还可以用来消除人物的阴影。

9.2.7 内部/外部键

"内部/外部键"滤镜特别适用于抠取毛发。使用该滤镜时需要绘制两个遮罩，一个用来定义抠出范围内的边缘，另外一个用来定义抠出范围之外的边缘。系统会根据这两个遮罩间的像素差异来定义抠出边缘并进行抠像。执行"效果>过时>内部/外部键"菜单命令，可在"效果控件"面板中展开"内部/外部键"滤镜的属性，如图9-28所示。

图9-28

重要参数讲解

前景（内部）：用来指定绘制的前景蒙版。

其他前景：用来指定更多的前景蒙版。

背景（外部）：用来指定绘制的背景蒙版。

其他背景：用来指定更多的背景蒙版。

单个蒙版高光半径：当只有一个蒙版时，该选项才被激活，它的功能是只保留蒙版范围里的内容。

清理前景：清除图像的前景色。

清理背景：清除图像的背景色。

边缘阈值：用来设置图像边缘的容差值。

反转提取：反转抠像的效果。

> **提示** "内部/外部键"滤镜还会修改边界的颜色，将背景的残留颜色提取出来，然后自动净化边界的残留颜色，因此把经过抠像后的目标图像叠加在其他背景上时，图像边界会有模糊效果。

9.2.8 线性颜色键

"线性颜色键"滤镜可以将画面中每个像素的颜色和指定的抠出色进行比较，如果像素的颜色和指定的颜色完全匹配，这些像素的颜色就会被完全抠出；如果像素的颜色和指定的颜色不匹配，这些像素就会被设置为半透明；如果像素的颜色和指定的颜色完全不匹配，这些像素就完全不透明。

执行"效果>过时>线性颜色键"菜单命令，可在"效果控件"面板中展开"线性颜色键"滤镜的属性，如图9-29所示。

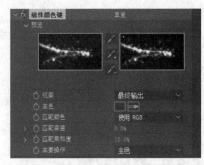

图9-29

在"预览"窗口中可以观察到两个缩略视图，左侧的视图窗口用于显示素材图像的缩略图，右侧的视图窗口用于显示抠像的效果。

重要参数讲解

视图：指定在"合成"面板中显示图像的方式，包括"最终输出""仅限源""仅限遮罩"3个选项。

主色：指定将被抠出的颜色。

匹配颜色：指定键控色的颜色空间，包括"使用RGB""使用色相""使用饱和度"3种类型。

匹配容差：用于调整抠出颜色的范围值。容差匹配值为"0％"时，画面全部不透明；容差匹配值为"100％"时，整个图像将完全透明。

匹配柔和度：柔化"匹配容差"的值。

主要操作：用于指定抠出色是"主色"还是"保持颜色"。

9.2.9 亮度键

"亮度键"滤镜主要用来抠出画面中指定的亮度区域。使用"亮度键"滤镜对于创建前景和背景的明亮度差别比较大的镜头非常有用。

执行"效果>过时>亮度键"菜单命令，可在"效果控件"面板中展开"亮度键"滤镜的属性，如图9-30所示。

图9-30

重要参数讲解

键控类型：指定亮度抠出的类型，共有以下4种。

» **抠出较亮区域**：使比指定亮度更亮的部分变为透明。

» **抠出较暗区域**：使比指定亮度更暗的部分变为透明。

» **抠出亮度相似的区域**：抠出"阈值"附近的亮度。

» **抠出亮度不同的区域**：抠出"阈值"范围之外的亮度。

阈值：设置阈值的亮度值。

容差：设定被抠出的亮度范围。值越低，被抠出的亮度越接近"阈值"设定的亮度范围；值越高，被抠出的亮度范围越大。

薄化边缘：调节抠出区域边缘的宽度。

羽化边缘：设置抠出边缘的柔和度。值越大，边缘越柔和，但是需要更多的渲染时间。

9.2.10 溢出抑制

通常情况下，抠像之后的图像都会残留抠出颜色的痕迹，而"溢出抑制"滤镜就可以用来消除这些残留的颜色痕迹，另外还可以消除图像边缘溢出的抠出颜色。

执行"效果>过时>溢出抑制"菜单命令，可在"效果控件"面板中展开"溢出抑制"滤镜的属性，如图9-31所示。

图9-31

重要参数讲解

要抑制的颜色：用来设置要清除的图像残留的颜色。

抑制：用来设置抑制颜色的强度。

> **提示** 这些溢出的抠出色常常是由于背景的反射造成的，如果使用"溢出抑制"滤镜依然不能得到满意的结果，就可以使用"色相/饱和度"属性降低饱和度，从而弱化抠出的颜色。

9.3 遮罩滤镜组

键控是一门综合技术，除了键控滤镜本身的使用方法外，还包括键控后图像边缘的处理技术、与背景合成时的色彩匹配技术等。本节将介绍图像边缘的处理技术。

本节重点内容

重点内容	说明	重要程度
遮罩阻塞工具	图像边缘处理工具	高
调整实边遮罩	用来处理图像的边缘，控制抠出图像的Alpha噪波干净纯度	中
简单阻塞工具	边缘控制组中最为简单的一款滤镜	高

9.3.1 课堂案例：制作水中游鱼

案例文件　案例文件>CH09>课堂案例：制作水中游鱼

教学视频　课堂案例：制作水中游鱼.mp4

学习目标　掌握简单阻塞遮罩的使用方法

本案例需要将带绿幕的素材抠图后与背景进行合成，效果如图9-32所示。

图9-32

01 新建1920像素×1080像素的合成，然后导入学习资源"案例文件 >

CH09>课堂案例：制作水中游鱼"文件夹中的素材文件，如图9-33所示。

图9-33

02 将两个素材图层添加到"时间轴"面板，保证"鱼.mov"图层在顶层，如图9-34所示。效果如图9-35所示。

图9-34

图9-35

03 在"效果和预设"面板中选择"颜色键"滤镜并添加到"鱼.mov"图层上，设置"主色"为绿色，"颜色容差"为"20"，如图9-36所示。效果如图9-37所示。

图9-36

图9-37

04 在"效果和预设"面板中搜索"简单阻塞工具"滤镜并添加到"鱼.mov"图层上，设置"阻塞遮罩"为"2"，如图9-38所示。素材周围的绿色基本消除干净了，如图9-39所示。

图9-38

图9-39

05 设置"鱼.mov"图层的"模式"为"叠加"，如图9-40所示。两个素材混合后会显得更加真实，如图9-41所示。

图9-40

图9-41

06 在时间轴上截取4帧，案例的最终效果如图9-42所示。

图9-42

9.3.2 遮罩阻塞工具

"遮罩阻塞工具"滤镜是功能非常强大的图像边缘处理工具，如图9-43所示。

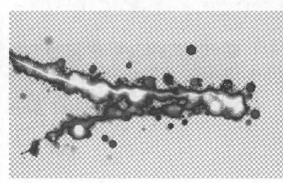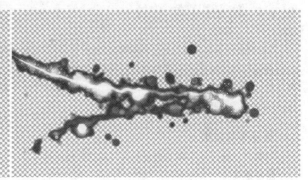

图9-43

执行"效果>遮罩>遮罩阻塞工具"菜单命令，可在"效果控件"面板中展开"遮罩阻塞工具"滤镜的属性，如图9-44所示。

图9-44

重要参数讲解

几何柔和度1：用来调整图像边缘的一级光滑度。

阻塞1：用来设置图像边缘的一级"扩充"或"收缩"。

灰色阶柔和度1：用来调整图像边缘的一级光滑度。

几何柔和度2：用来调整图像边缘的二级光滑度。

阻塞2：用来设置图像边缘的二级"扩充"或"收缩"。

灰色阶柔和度2：用来调整图像边缘的二级光滑度。

迭代：用来控制图像边缘"收缩"的强度。

9.3.3 调整实边遮罩

"调整实边遮罩"滤镜不仅可以用来处理图像的边缘，还可以用来控制抠出图像的Alpha噪波的干净程度，如图9-45所示。

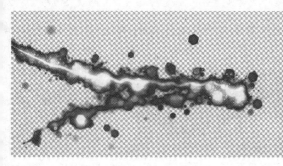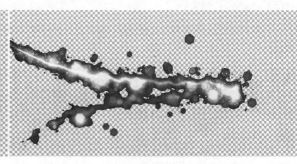

图9-45

执行"效果>遮罩>调整实边遮罩"菜单命令，可在"效果控件"面板中展开"调整实边遮罩"滤镜的属性，如图9-46所示。

重要参数讲解

羽化：用来设置图像边缘的光滑程度。

对比度：用来调整图像边缘的羽化过渡。

减少震颤：用来设置运动图像上的噪波。

使用运动模糊：对于带有运动模糊的图像来说，该选项很有用处。

净化边缘颜色：可以用来处理图像边缘的颜色。

图9-46

9.3.4 简单阻塞工具

"简单阻塞工具"滤镜属于边缘控制组中最为简单的一款滤镜，不太适合处理较为复杂或精度要求比较高的边缘。执行"效果>遮罩>简单阻塞工具"菜单命令，在"效果控件"面板中展开"简单阻塞工具"滤镜的属性，如图9-47所示。

图9-47

重要参数讲解

视图：用来设置图像的查看方式，如图9-48所示。

阻塞遮罩：用来设置图像边缘的"扩充"或"收缩"。

图9-48

9.4 其他抠图工具

Keylight可以轻松地抠取带有阴影、半透明或毛发的素材，并且还有溢出抑制功能，可以清除键控蒙版边缘的溢出颜色，使前景和背景更加自然地融合在一起。"Roto笔刷工具"可以在画面中智能选取区域，然后将其抠出。

本节重点内容

重点内容	说明	重要程度
Keylight	功能强大的抠图插件	高
Roto笔刷工具	在画面中智能选取区域	高

9.4.1 课堂案例：电脑画面合成

案例文件	案例文件>CH09>课堂案例：电脑画面合成
教学视频	课堂案例：电脑画面合成.mp4
学习目标	掌握Keylight的使用方法

本案例主要讲解镜头的蓝屏键控、图像边缘处理和场景色调匹配等键控技术的应用，案例的前后对比效果如图9-49所示。

图9-49

01 新建1920像素×1080像素的合成，然后导入学习资源"案例文件>CH09>课堂案例：电脑画面合成"文件夹中的素材文件，如图9-50所示。

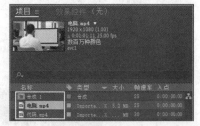

图9-50

02 将"电脑.mp4"素材添加到"时间轴"面板中，效果如图9-51所示。

图9-51

03 在"效果和预设"面板中搜索"Keylight"滤镜，并将其添加到"电脑.mp4"图层上，设置"Screen Colour"为绿色，如图9-52所示。效果如图9-53所示。

图9-52

图9-53

04 设置"View"为"Screen Matte"，在"合成"面板中可以观察到除电脑屏幕外还残留有灰色，说明抠出的图像带有透明信息，如图9-54和图9-55所示。为了保证抠出的图像正确，需要将人物区域调整为纯白色，背景为纯黑色。

图9-54

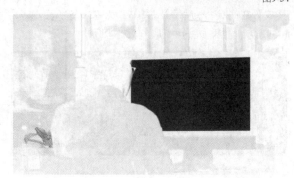

图9-55

05 在"Screen Matte"卷展栏中设置"Clip Black"为"5"，"Clip White"为"60"，"Screen Softness"为"0.5"，如图9-56所示。效果如图9-57所示。

图9-56

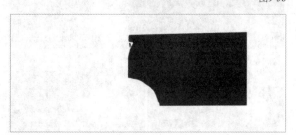

图9-57

06 设置"View"方式为"Final Result",此时画面的预览效果如图9-58所示。

图9-58

07 将"代码.mp4"素材添加到"时间轴"面板中,并将其放置在底层,然后设置"缩放"为"50,50%",如图9-59所示。效果如图9-60所示。

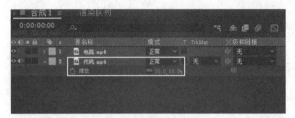

图9-59

图9-60

提示 缩小图层后需要灵活移动图层的位置,使其位于电脑屏幕中。

08 在时间轴上截取4帧,案例的最终效果如图9-61所示。

图9-61

9.4.2 Keylight

安装完Keylight插件后,执行"效果>键控>Keylight"菜单命令,在"效果控件"面板中展开"Keylight"滤镜的属性,如图9-62所示。

图9-62

1.View（视图）

"View"（视图）选项用来设置查看最终效果的方式,在其下拉列表中提供了11种查看方式,如图9-63所示。下面将介绍几个最常用的选项。

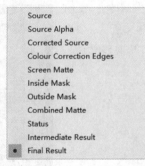

图9-63

提示 在设置"Screen Colour"（屏幕色）时,不能将"View"（视图）选项设置为"Final Result"（最终结果）,因为在进行第1次取色时,被选择抠出的颜色大部分都被消除了。

重要参数讲解

Screen Matte（屏幕蒙版）:在设置"Clip Black"（剪切黑色）和"Clip White"（剪切白色）时,可以将"View"（视图）方式设置为"Screen Matte"（屏幕蒙版）,这样可以将屏幕中本来应该是完全透明的地方调整为黑色,将完全不透明的地方调整为白色,将半透明的地方调整为合适的灰色,如图9-64所示。

图9-64

图9-66

> **提示** 在设置"Clip Black"（剪切黑色）和"Clip White"（剪切白色）参数时，最好将"View"（视图）方式设置为"Screen Matte"（屏幕蒙版）模式，这样可以更方便地查看蒙版效果。

Status（状态）：将蒙版效果进行夸张、放大渲染，这样即便是很小的问题在屏幕上也将被放大显示出来，如图9-65所示。

图9-65

> **提示** 在"Status"（状态）视图中显示了黑、白、灰3种颜色，黑色区域在最终效果中处于完全透明的状态，也就是颜色被完全抠出的区域，这个地方可以使用其他背景来代替；白色区域在最终效果中显示为前景画面，这个地方的颜色将完全保留下来；灰色区域表示颜色没有被完全抠出，显示的是前景和背景叠加的效果，在画面前景的边缘需要保留灰色像素来达到一种完美的前景边缘过渡与处理效果。

Final Result（最终结果）：显示当前键控的最终效果。

2.Screen Colour（屏幕色）

使用"Keylight"滤镜进行键控的第1步就是使用"Screen Colour"（屏幕色）后面的"吸管工具" ▰ 在屏幕上对抠出的颜色进行取样，取样的范围包括主要色调（如蓝色和绿色）与颜色饱和度，如图9-66所示。

一旦指定了"Screen Colour"（屏幕色），"Keylight"滤镜就会在整个画面中分析所有的像素，并且比较这些像素的颜色和取样的颜色在色调和饱和度上的差异，然后根据比较的结果来设定画面的透明区域，并相应地对前景画面的边缘颜色进行修改。

3.Screen Gain（屏幕增益）

"Screen Gain"（屏幕增益）属性主要用来设置"Screen Colour"（屏幕色）被抠出的程度，其值越大，被抠出的颜色就越多，如图9-67所示。

Screen Gain：100

Screen Gain：200

图9-67

> **提示** 在调节"Screen Gain"（屏幕增益）属性时，其数值不能太小，也不能太大。在一般情况下，使用"Clip Black"（剪切黑色）和"Clip White"（剪切白色）两个参数来优化"Screen Matte"（屏幕蒙版）的效果比使用"Screen Gain"（屏幕增益）的效果要好。

4.Screen Balance（屏幕平衡）

"Screen Balance"（屏幕平衡）属性是在RGB颜色值中对主要颜色的饱和度与其他两个颜色通道的饱和度的平均加权值进行比较，所得出的结果就是"Screen Balance"（屏幕平衡）的属性值，如图9-68所示。根据素材的不同，需要设置的"Screen Balance"（屏幕平衡）值也有所差异。在一般情况下，蓝屏素材设置为95%左右，而绿屏素材设置为50%左右就可以了。

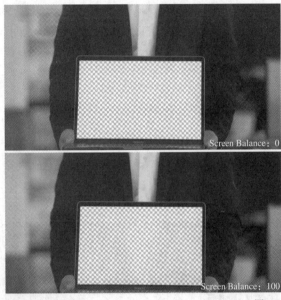

图9-68

5.Despill Bias（反溢出偏差）

"Despill Bias"（反溢出偏差）属性可以用来设置"Screen Colour"（屏幕色）的反溢出效果，设置前后的对比效果如图9-69所示。

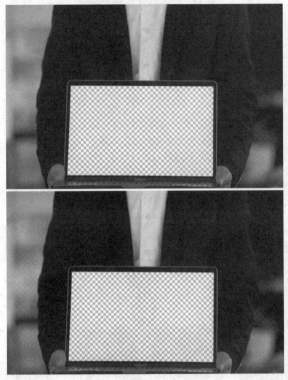

图9-69

6.Alpha Bias（Alpha偏差）

在一般情况下都不需要单独调节"Alpha Bias"（Alpha偏差）属性，但是在绿屏中的红色信息多于绿色信息，并且前景的红色通道信息也比较多的情况下，就需要单独调节"Alpha Bias"（Alpha偏差）属性，否则很难抠出图像。

> 提示 在选取"Alpha Bias"（Alpha偏差）颜色时，一般都要选择与图像中的背景颜色具有相同色相的颜色，并且这些颜色的亮度要比较高才行。

7.Screen Pre-blur（屏幕预模糊）

"Screen Pre-blur"（屏幕预模糊）参数可以在对素材进行蒙版操作前，对画面进行轻微的模糊处理，这种预模糊的处理方式可以降低画面的噪点，如图9-70所示。

图9-70

8.Screen Matte（屏幕蒙版）

"Screen Matte"（屏幕蒙版）属性组主要用来微调蒙版效果，这样可以更加精确地控制前景和背景的界线。展开"Screen Matte"（屏幕蒙版）属性组的相关属性，如图9-71所示。

图9-71

重要参数讲解

Clip Black（剪切黑色）：设置蒙版中黑色像素的起点值。如果在背景像素的地方出现了前景像素，就可以适当增大"Clip Black"（剪切黑色）的数值，以抠出所有的背景像素，如图9-72所示。

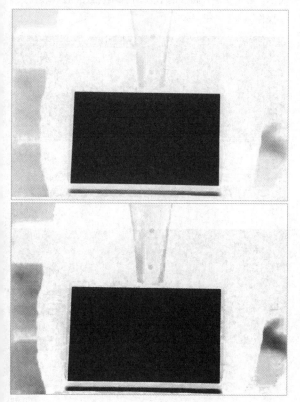

图9-72

Clip White（剪切白色）：设置蒙版中白色像素的起点值。如果在前景像素的地方出现了背景像素，就可以适当降低"Clip White"（剪切白色）的数值，以达到满意的效果，如图9-73所示。

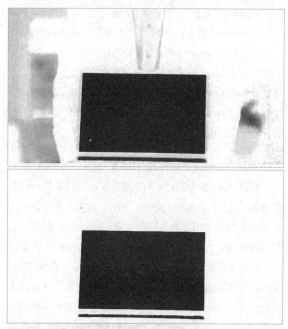

图9-73

Clip Rollback（剪切削减）：在调节"Clip Black"（剪切黑色）和"Clip White"（剪切白色）参数时，有时会对前景边缘像素产生破坏，这时就可以适当调整"Clip Rollback"（剪切削减）的数值，对前景的边缘像素进行一定程度的补偿，如图9-74所示。

图9-74

Screen Shrink/Grow（屏幕收缩/扩张）：用来收缩或扩大蒙版的范围。

Screen Softness（屏幕柔化）：对整个蒙版进行模糊处理。注意，该选项只影响蒙版的模糊程度，不会影响到前景和背景。

Screen Despot Black（屏幕独占黑色）：让黑点与周围像素进行加权运算。增大其值可以消除白色区域内的黑点。

Screen Despot White（屏幕独占白色）：让白点与周围像素进行加权运算。增大其值可以消除黑色区域内的白点。

Replace Colour（替换颜色）：根据设置的颜色来对Alpha通道的溢出区域进行补救。

Replace Method（替换方式）：设置替换Alpha通道溢出区域颜色的方式，共有以下4种。

» **None（无）**：不进行任何处理。

» **Source（源）**：使用原始素材像素进行相应的补救。

» **Hard Colour（硬度色）**：对任何增加的Alpha通道区域直接使用Replace Colour（替换颜色）进行补救。

» **Soft Colour（柔和色）**：对增加的Alpha通道区域进行Replace Colour（替换颜色）补救时，根据原始素材像素的亮度来进行相应的柔化处理。

9.Inside Mask /Outside Mask（内/外侧遮罩）

使用"Inside Mask"（内侧遮罩）可以将前景内容隔离出来，使其不参与键控处理。例如，前景中的主角身上穿有淡蓝色的衣服，但是这位主角又是站在蓝色的背景下进行拍摄的，那么就可以使用"Inside Mask"（内侧遮罩）来隔离前景颜色。使用"Outside Mask"（外侧遮罩）可以指定背景像素，不管遮罩内是何种内容，一律视为背景像素来进行抠出，这对于处理背景颜色不均匀的素材非常有用。展开"Inside Mask/Outside Mask"（内/外侧遮罩）属性组的参数，如图9-75所示。

图9-75

重要参数讲解

Inside Mask /Outside Mask（内/外侧遮罩）：选择内侧或外侧的遮罩。

Inside Mask Softness /Outside Mask Softness（内/外侧遮罩柔化）：设置内/外侧遮罩的柔化程度。

Invert（反转）：反转遮罩的方向。

Replace Method（替换方式）：与"Screen Matte"（屏幕蒙版）属性组中的"Replace Method"（替换方式）属性相同。

Replace Colour（替换颜色）：与"Screen Matte"（屏幕蒙版）属性组中的"Replace Colour"（替换颜色）属性相同。

Source Alpha（源Alpha）：该属性决定了Keylight滤镜如何处理源图像中本来就具有的Alpha通道信息。

9.4.3 Roto笔刷工具

"Roto笔刷工具" 可以在画面中智能选取区域，然后将其抠出，如图9-76所示。该工具常用来抠出画面中的人像、动物和特定物体等。使用"Roto笔刷工具"

时需要注意，该工具只能在素材的"图层"面板中使用，"合成"面板中无法使用。

图9-76

双击需要抠图的图层，就能切换到该图层的"图层"面板，如图9-77所示。使用"Roto笔刷工具" 在需要抠图的位置涂抹，软件就能智能拾取相关的内容，如图9-78所示。在"图层"面板的下方，可以对抠图的区域进行一些操作。

图9-77

图9-78

提示 紫色线框内部的区域就是抠图保留的区域。如果紫色的线框包含了过多的内容，按住Alt键并用鼠标涂抹多余的部分，就能将该区域移出紫色线框。如果想添加更多的区域，只需要使用笔刷继续涂抹就可以自动添加进紫色线框内。按住Ctrl键并拖曳鼠标，可以放大或缩小笔刷的大小。

重要参数讲解

切换Alpha ：单击该按钮，可以观察图层的Alpha通道，如图9-79所示。

切换Alpha边界 ：单击该按钮，可以隐藏抠图以外的区域，方便观察抠图效果，如图9-80所示。

图9-79

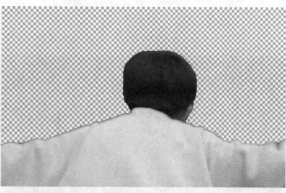

图9-80

切换Alpha叠加 ：单击该按钮，将抠图以外的区域显示为红色，如图9-81所示。

Alpha边界/叠加颜色：默认的Alpha边界颜色为紫色，单击该色块也可以设置为其他颜色。

将入点设置为当前时间 ：单击该按钮，可以将播放指示器所处的位置设置为素材的入点。

将出点设置为当前时间 ：单击该按钮，可以将播放指示器所处的位置设置为素材的出点。

> **提示** 如果素材的时间太长，会增加不必要的Roto笔刷抠图区域的计算量，通过设置素材的入点和出点，可以减少计算时间，提高制作效率。

冻结 冻结 ：缓存并锁定Roto笔刷抠图的区域。

图9-81

9.5 课堂练习：制作开门动画

案例文件　案例文件>CH09>课堂练习：制作开门动画
教学视频　课堂练习：制作开门动画.mp4
学习目标　掌握线性颜色键的使用方法

本练习使用"线性颜色键"滤镜抠出绿幕，并添加其他调色滤镜校正素材颜色，效果如图9-82所示。

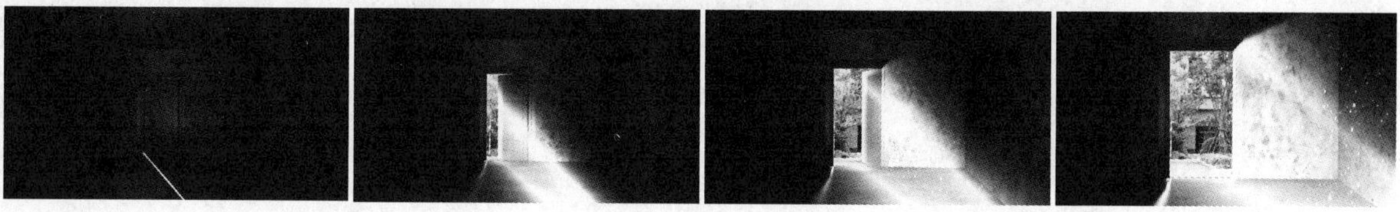

图9-82

操作提示

第1步：导入学习资源"案例文件 > CH09>课堂练习：制作开门动画"文件夹中的素材文件。

第2步：使用"线性颜色键"抠掉绿幕素材的绿幕，并添加"曲线"和"色相/饱和度"滤镜调整素材颜色与亮度。

第3步：添加背景素材，并添加"曲线"和"曝光度"滤镜调整亮度。

9.6 课后习题：全息界面合成

案例文件　案例文件>CH09>课后习题：全息界面合成

教学视频　课后习题：全息界面合成.mp4

学习目标　掌握Keylight滤镜的使用方法

本习题通过Keylight插件抠掉绿幕，将人像素材与背景视频进行合成，如图9-83所示。

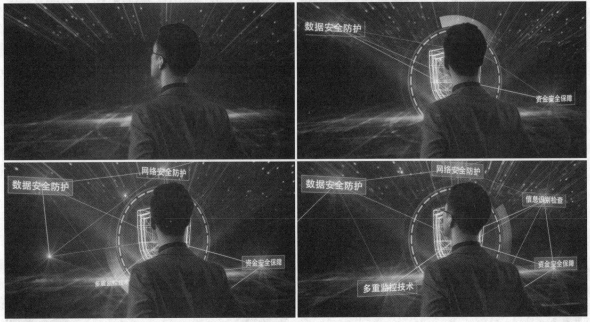

图9-83

操作提示

第1步：导入学习资源"案例文件 > CH09>课后习题：全息界面合成"文件夹中的素材文件。

第2步：使用Keylight滤镜抠出人像素材的绿幕。

第3步：与背景素材进行合成并调色。

第10章

商业综合实训

本章将通过4个精选的综合案例，全面梳理用After Effects制作一个完整的动画商业项目的过程，包含了目前应用较为广泛的4种风格的动画。本章是一个综合性章节，需要读者将之前学习的知识综合运用起来。

课堂学习目标

- 掌握文字片头的制作方法
- 掌握交互界面的制作方法
- 掌握产品广告的制作方法
- 掌握MG动画的制作方法

10.1 商业案例：科幻文字片头

案例位置　案例文件>CH10>商业案例：科幻文字片头
教学视频　商业案例：科幻文字片头.mp4
学习目标　掌握文字片头的制作方法

　　本案例制作科幻风格的文字片头，需要为文字制作流光效果，并结合素材的动画效果制作相应的文字动画，如图10-1所示。

图10-1

10.1.1 流光文字

01 新建1920像素×1080像素的合成，命名为"流光文字"，然后新建文本图层，输入"AFTER EFFECTS"，具体参数及效果如图10-2所示。

> **提示**　在选择字体时，最好选择较粗的字体，这样用描边的效果才会更好。

图10-2

02 将文本图层转换为"预合成"，重命名为"text"，如图10-3所示。

03 在"text"合成上添加"分形杂色"效果，具体参数及效果如图10-4所示。

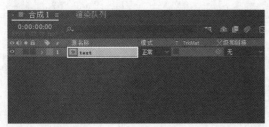

图10-3　　　　　　　　　　　　　　　　　　　　　　　　　图10-4

04 在"效果和预设"面板搜索"CC Toner"效果，然后添加到"text"合成上，分别设置3个通道的颜色为青色、蓝色和洋红色，具体设置和效果如图10-5所示。

图10-5

> **提示**　读者也可以设置自己喜欢的颜色，案例中的颜色仅供参考。

05 在"分形杂色"中设置"缩放"为"80",会让颜色过渡得更加好看,具体设置及效果如图10-6所示。

06 在剪辑的起始位置添加"演化"的关键帧,然后在剪辑末尾设置"演化"为"2x+0°",如图10-7所示。动画效果如图10-8所示。

图10-6 图10-7

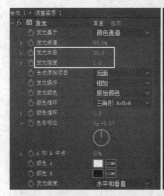

图10-8

> **提示** 读者也可以在"演化"参数上添加time表达式,同样能实现颜色流动的效果。

07 新建一个调整图层,然后添加"发光"效果,设置"发光半径"为"30","发光强度"为"1",具体设置及效果如图10-9所示。

图10-9

08 选中"发光"效果,按快捷键Ctrl+D复制一份,修改"发光半径"为"300","发光强度"为"1.5",具体设置及效果如图10-10所示。

图10-10

10.1.2 文字动画

01 新建1920像素×1080像素的合成，命名为"总合成"，然后导入学习资源
"案例文件>CH10>商业案例：科幻文字片头"文件夹中的素材文件，如图10-11所示。

图10-11

02 在"总合成"中添加"流光文字"和"光效.mp4"两个素材文件，将"光效.mp4"图层放置于顶层，如图10-12所示。效果如图10-13所示。

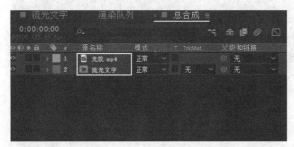

图10-12

图10-13

03 顶层的图层会遮挡下方的文字，设置"光效.mp4"图层的"模式"为"屏幕"，如图10-14所示。效果如图10-15所示。

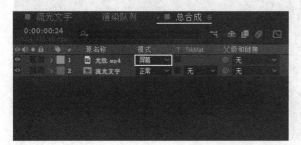

图10-14

图10-15

04 选中"流光文字"图层，在0:00:01:00的位置添加"不透明度"关键帧，然后在剪辑的起始位置设置"不透明度"为"0%"，如图10-16所示。动画效果如图10-17所示。

图10-16

图10-17

05 继续选中"流光文字"图层，在0:00:01:00
的位置添加"缩放"关键帧，然后在剪辑的起始
位置设置"缩放"为"0,0%"，如图10-18所示。
动画效果如图10-19所示。

图10-18

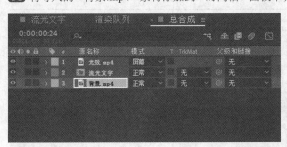

图10-19

06 将导入的"背景.mp4"素材添加到"时间轴"面板中，并放置于最底层，如图10-20所示。效果如图10-21所示。

图10-20

图10-21

07 在时间轴上截取4帧，案例的最终效果如图10-22所示。

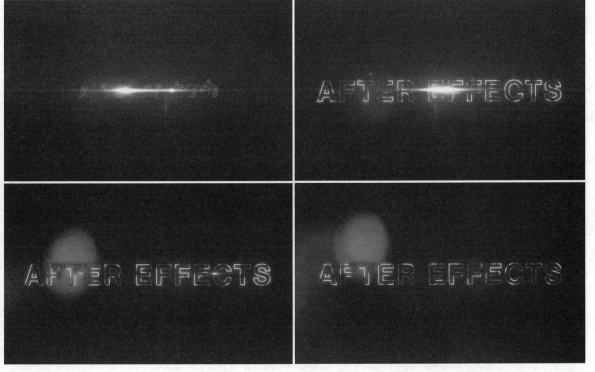

图10-22

10.2 商业案例：机票查询交互界面

案例位置　案例文件>CH10>商业案例：机票查询交互界面
教学视频　商业案例：机票查询交互界面.mp4
学习目标　掌握交互界面的制作方法

　　本案例制作一个简单的机票查询的交互界面，需要用到绘图工具绘制界面，并为其添加简单的动画效果，如图10-23所示。

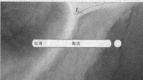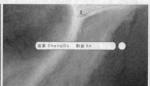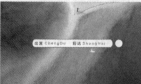

图10-23

10.2.1 界面绘制

01 新建1920像素×1080像素的合成，然后导入学习资源"案例文件>CH10>商业案例：机票查询交互界面"文件夹中的素材文件，将"背景.jpg"文件拖曳到"时间轴"面板中并调整其大小，如图10-24所示。

02 使用"圆角矩形工具" ▣ 绘制一个圆角矩形，设置"填充"颜色为白色，"描边颜色"为灰色，"描边宽度"为"6像素"，效果如图10-25所示。

图10-24

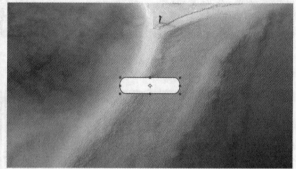
图10-25

> **提示** 这里的圆角矩形的大小不作强制规定，读者请自行确定。

03 在"时间轴"面板中展开"形状图层1"的"矩形路径"卷展栏，在0:00:00:10的位置添加"大小"关键帧，并取消关联选项，如图10-26所示。

04 将时间指示器移动到0:00:00:15的位置，然后拉长矩形，使其成为图10-27所示的效果。

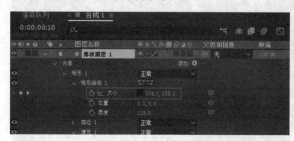
图10-26

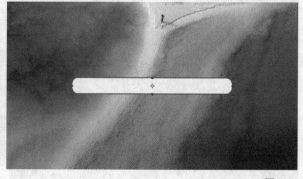
图10-27

05 使用"椭圆工具"◯绘制一个圆形,与圆角矩形一样,设置"填充"为白色,"描边颜色"为灰色,效果如图10-28所示。

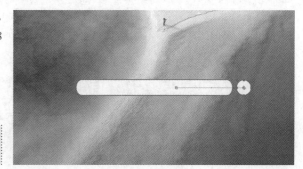

图10-28

> **提示** 圆形图层要放在圆角矩形图层的下方,否则会造成后续步骤效果穿帮。

06 选中绘制的圆形,按P键调出"位置"参数,在0:00:00:13的位置将圆形移动到圆角矩形的后方,然后在0:00:00:15的位置将圆形移动到圆角矩形的右侧,如图10-29和图10-30所示。

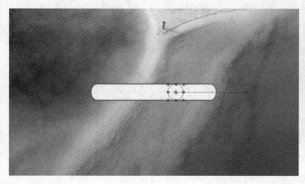

图10-29

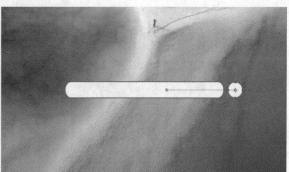

图10-30

07 新建一个"文本"图层,然后输入"航班搜索",具体参数及效果如图10-31所示。

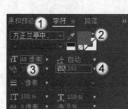

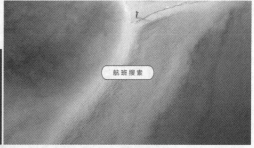

图10-31

08 选中"航班搜索"文本图层,按T键调出"不透明度"参数,在0:00:00:15的位置设置"不透明度"为"100%",并添加关键帧,然后将时间指示器移动到0:00:00:20的位置,设置"不透明度"为"0%",效果如图10-32所示。

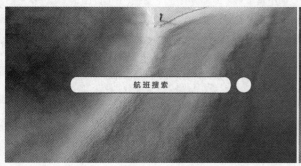

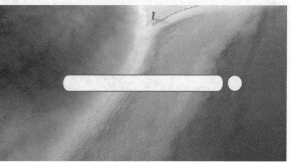

图10-32

09 将"航班搜索"图层按快捷键Ctrl+D复制一层，然后修改文本内容为"出发　到达"，如图10-33所示。

10 按T键调出上一步文字图层的"不透明度"参数，在0:00:01:00的位置设置"不透明度"为"0％"，并添加关键帧，然后在0:00:01:05的位置设置"不透明度"为"100％"，效果如图10-34所示。

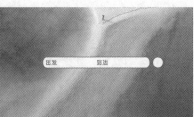

图10-33 图10-34

11 新建一个"文本"图层，输入文本内容为"ChengDu"，具体参数及效果如图10-35所示。

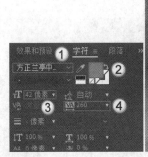
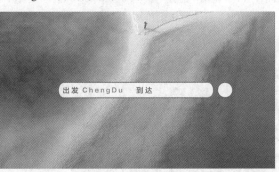

图10-35

12 将上一步创建的文本复制一层，修改文字内容为"ShangHai"，如图10-36所示。

13 在"效果和预设"面板中搜索"打字机"效果，并将其添加到上面两个文本图层上，如图10-37所示。

图10-36 图10-37

14 移动时间指示器，就能观察到文字会逐个出现，但动画效果不是很好。选中两个文本图层，按U键调出关键帧，然后移动两个图层的关键帧到图10-38所示的位置。

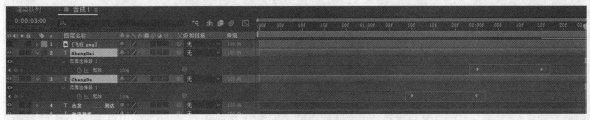

图10-38

 提示　U键可以调出选中图层的所有关键帧。

⓯ 将"飞行.png"素材文件导入到画面中，然后在0:00:03:10的位置设置"不透明度"为"0%"，并添加关键帧，在0:00:03:12的位置设置"不透明度"为"100%"，效果如图10-39所示。

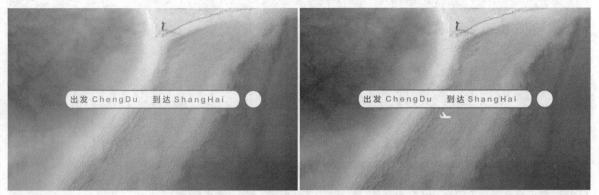

图10-39

⓰ 按P键调出"位置"参数，然后在0:00:03:10的位置将素材移动到图10-40所示的位置，并添加关键帧。

⓱ 将时间指示器移动到0:00:04:10的位置，然后移动素材到图10-41所示的位置。

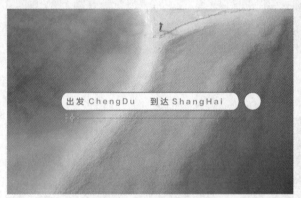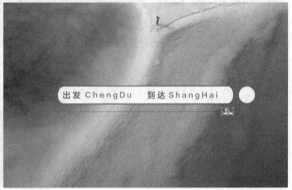

图10-40　　　　　　　　　　　　　　　　图10-41

⓲ 选中"位置"的关键帧，然后添加loopOut(type = "cycle", numKeyframes = 0)表达式，如图10-42所示，这样就能形成循环的动画效果。

图10-42

提示 按住Alt键，然后单击"时间变化秒表"按钮，就可以添加表达式。具体添加过程请看教学视频。

10.2.2 交互动画

㉙ 下面制作按钮的交互动画效果。选中"形状图层1"，然后在"颜色"上添加关键帧，保持白色的底色，如图10-43所示。效果如图10-44所示。

图10-43

图10-44

02 将时间指示器移动到0:00:00:05的位置，设置"颜色"为灰色，如图10-45所示。效果如图10-46所示。

图10-45

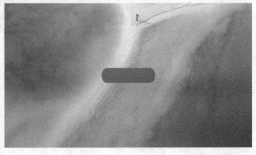

图10-46

> **提示** 此时按钮与文字的颜色相同，会覆盖文字内容。

03 将时间指示器移动到0:00:00:10的位置，修改"颜色"为白色，如图10-47所示。

图10-47

04 选中"航班搜索"图层，然后在"颜色"上添加关键帧，并修改成与按钮不同的颜色，如图10-48所示。

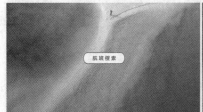

图10-48

05 选中"形状图层2"，在0:00:03:00的位置添加"颜色"关键帧，使其保持白色，如图10-49所示。

图10-49

06 将时间指示器移动到0:00:03:05的位置，设置"颜色"为灰色，如图10-50所示。效果如图10-51所示。

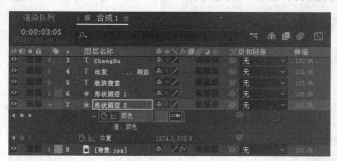

图10-50

图10-51

07 将时间指示器移动到0:00:03:10的位置，将"颜色"设置为白色，如图10-52所示。

图10-52

08 在时间轴中随意截取4帧，案例的效果如图10-53所示。

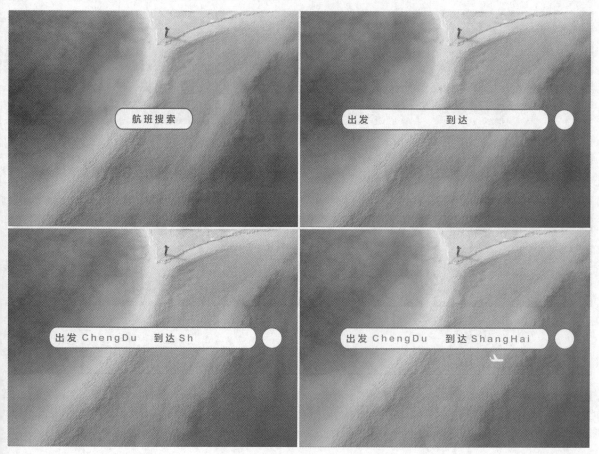

图10-53

10.3 商业案例：产品展示动画

案例位置　案例文件>CH10>商业案例：产品展示动画
教学视频　商业案例：产品展示动画.mp4
学习目标　掌握产品展示的动画制作、图形转场的方法

本案例制作一个化妆品的展示动画，除了给素材制作关键帧动画外，还需要用表达式进行配合，效果如图10-54所示。

图10-54

10.3.1 背景合成

01 新建1920像素×1080像素的合成，命名为"背景"，然后新建任意颜色的"纯色"图层，接着在"效果和预设"面板中搜索"梯度渐变"滤镜并将其添加到"纯色"图层上，如图10-55所示。

02 在"效果控件"面板中设置"渐变起点"为"956,540"，"起始颜色"为浅蓝色，"渐变终点"为"960,1440"，"结束颜色"为深蓝色，"渐变形状"为"径向渐变"，具体设置及效果如图10-56所示。

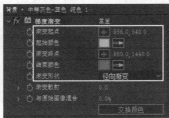

图10-55　　　　　　　　　　　　　　　　　　　　图10-56

03 导入学习资源"案例文件>CH10>商业案例：产品展示动画"文件夹中的素材文件，然后将"粒子.mp4"素材文件添加到"背景"合成中，并放置于顶层，如图10-57所示。

04 设置"粒子.mp4"图层的"模式"为"柔光"，如图10-58所示。混合后的效果如图10-59所示。

图10-57　　　　　　　　　　　　　　图10-58　　　　　　　　　　　图10-59

10.3.2 水泡合成

01 新建1920像素×1080像素的合成，命名为"水泡1"，然后将"合成 1_00000.png"和"401400558.png"两个素材添加到合成中，并调整其大小，如图10-60所示。效果如图10-61所示。

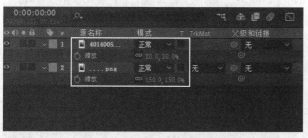

图10-60   图10-61

02 新建"文本"图层,在画面中输入"地黄",具体参数和效果如图10-62所示。

03 在"项目"面板中将"水泡1"合成复制一份,修改名称为"水泡2",如图10-63所示。

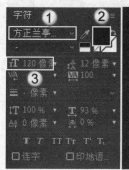

图10-62   图10-63

04 双击打开"水泡2"合成,替换"时间轴"面板中的素材图层,并修改文字内容为"天麻",如图10-64所示。

05 按照步骤03和步骤04的方法,制作其余6个水泡合成,如图10-65所示。效果如图10-66所示。

图10-64   图10-65

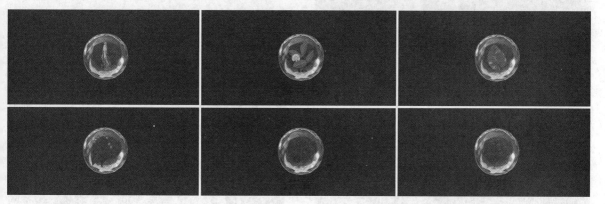

图10-66

10.3.3 产品合成

01 新建1920像素×1080像素的合成，命名为"产品"，然后在"时间轴"面板中添加8个水泡合成和产品素材，如图10-67所示。

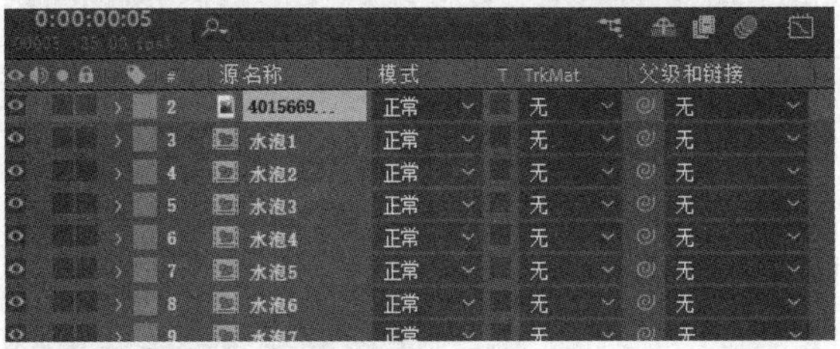

图10-67

02 新建"空对象"图层，然后将8个水泡合成都作为该图层的子层级，如图10-68所示。

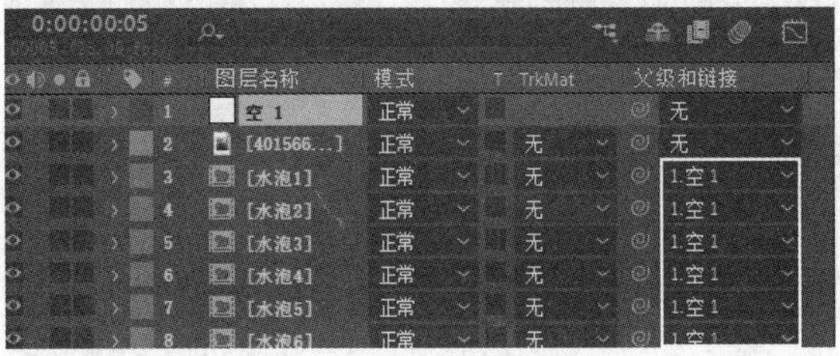

图10-68

03 按P键调出"位置"参数，然后调整8个水泡合成的"位置"参数，使其环绕产品，效果如图10-69所示。

图10-69

04 选中"空1"图层，在剪辑的起始位置设置"缩放"为"0,0%"，并添加关键帧，然后在0:00:00:05的位置设置"缩放"为"40,40%"，如图10-70所示。效果如图10-71所示。

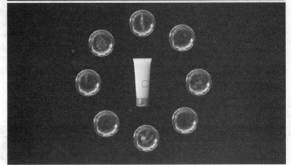

图10-70

图10-71

05 激活所有图层的"3D图层"开关，如图10-72所示。

图10-72

06 选中"空1"图层，按R键调出旋转的相关参数。在剪辑的起始位置添加"Z轴旋转"的关键帧，然后在剪辑末尾设置"Z轴旋转"为"2x+0°"，如图10-73所示。

图10-73

07 移动播放指示器观察画面，会发现气泡本身也会随之旋转，如图10-74所示。

图10-74

08 选中"水泡1"图层，按R键调出"Z轴旋转"参数，在该参数上添加表达式-thisComp.layer（"空 1"）.transform.zRotation+0，如图10-75所示。此时可以观察到画面中素材回到了本来的角度，如图10-76所示。

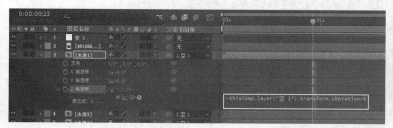

图10-75　　　　　　　　　　　　　　　　　　　　图10-76

09 将上一步中的表达式复制并粘贴到其余水泡图层中，效果如图10-77所示。

> **提示**　粘贴完表达式后，按小键盘上的Enter键即可完成输入。

图10-77

10.3.4 总合成

01 新建1920像素×1080像素的合成，命名为"总合成"，然后将"产品"合成和"背景"合成添加到"时间轴"面板中，如图10-78所示。效果如图10-79所示。

02 将"光效.mov"素材文件添加到"时间轴"面板的顶层，然后设置"模式"为"相加"，如图10-80所示。效果如图10-81所示。

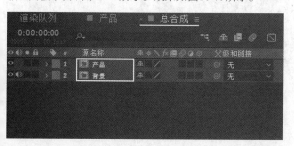
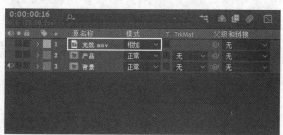

图10-78　　　　　　　　　　　　　　　　　　　　图10-80

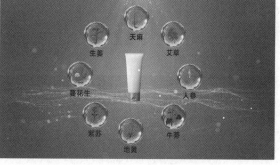

图10-79　　　　　　　　　　　　　　　　　　　　图10-81

03 选中"产品"图层，在0:00:01:00的位置添加"缩放"关键帧，然后在剪辑的起始位置设置"缩放"为"40,40％"，如图10-82所示。

图10-82

04 在相同的时间位置添加"不透明度"的关键帧，如图10-83所示。动画效果如图10-84所示。

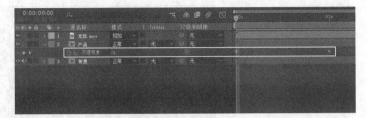

图10-83

图10-84

05 在时间轴上截取4帧，案例的最终效果如图10-85所示。

图10-85

10.4 商业案例：MG片尾动画

实例位置　实例文件>CH10>商业案例：MG片尾动画
教学视频　商业案例：MG片尾动画.mp4
学习目标　掌握MG动画的制作方法

　　本案例的MG片尾动画制作难度不是很高，需要动手绘制一些元素，再将其拼合在"总合成"中，从而形成一段完整的动画，如图10-86所示。

图10-86

10.4.1 背景合成

01 新建1920像素×1080像素的合成，命名为"背景"，然后新建一个深灰色的"纯色"图层，命名为"背景"，如图10-87所示。

02 在"效果和预设"面板中搜索"网格"效果，添加到"背景"图层上，如图10-88所示。

图10-87　　　　　　　　　图10-88

03 在"效果控件"面板中设置"大小依据"为"宽度和高度滑块"，"宽度"为"142.9"，"高度"为"139.2"，"边界"为"1"，如图10-89所示。

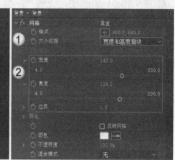

图10-89

04 白色线框过于明显，在下方设置"不透明度"为"20%"，如图10-90所示。

图10-90

05 新建一个任意颜色的"纯色"图层，然后添加"梯度渐变"滤镜，具体参数如图10-91所示。效果如图10-92所示。

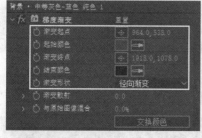

图10-91　　　　　　　　　图10-92

06 将添加了"梯度渐变"的图层放在底层，然后设置"背景"的"模式"为"相加"，如图10-93所示。效果如图10-94所示。

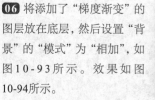

图10-93　　　　　　　　　图10-94

10.4.2　元素1合成

01 新建1920像素×1080像素的合成，命名为"元素1"，使用"椭圆工具"  在画面中绘制一个圆环，设置"描边宽度"为15像素，如图10-95所示。

02 为上一步绘制的圆环添加"修剪路径"，然后在剪辑的起始位置设置"开始"和"结束"都为"100%"，"偏移"为"0x+0°"，并添加3个参数的关键帧，如图10-96所示。

图10-95

图10-96

03 在0:00:01:00的位置设置"开始"为"0%"，然后在0:00:02:00的位置设置"结束"为"0%"，"偏移"为"−180°"，如图10-97和图10-98所示。

图10-97

图10-98

04 移动播放指示器，就能观察到圆环的动画效果，如图10-99所示。

图10-99

05 将圆环图层复制一层，缩小圆环的大小，并修改"描边宽度"为"10像素"，如图10-100所示。

06 选中复制的图层，按U键调出所有的关键帧，然后调整关键帧的位置，如图10-101所示。

图10-100

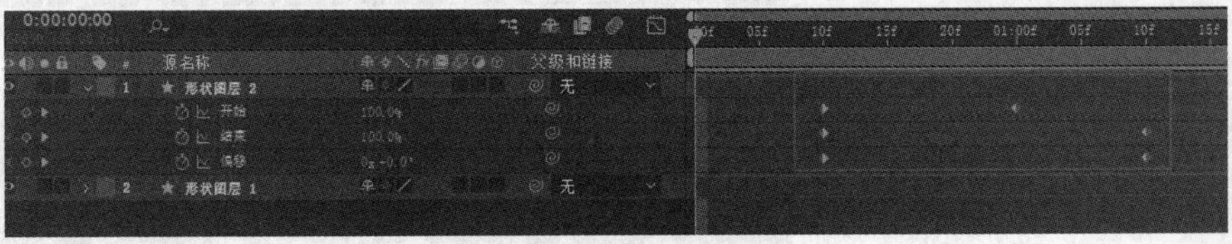

图10-101

> **提示** 关键帧的位置仅供参考，读者可灵活设置。

07 选中"偏移"参数的结束帧，修改"偏移"为"0x−90°"，如图10-102所示。效果如图10-103所示。

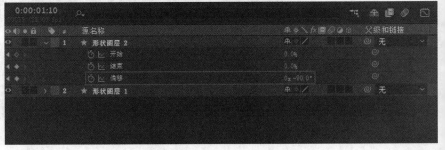

图10-102

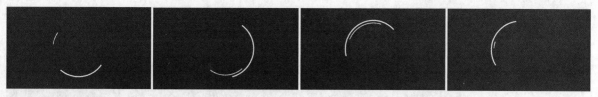

图10-103

08 按照步骤05~步骤07的方法，再向内复制3个圆环，并修改关键帧的位置和"偏移"的结束帧数值，动画效果如图10-104所示。

图10-104

> 提示 这一步的处理相对灵活，读者可按照自己的想法进行调整。

10.4.3 元素2合成

01 新建1920像素×1080像素的合成，命名为"元素2"，然后使用"椭圆工具"◉绘制一个白色的圆形，如图10-105所示。

02 在剪辑的起始位置设置"缩放"为"0,0%"，并添加关键帧，然后在0:00:00:15的位置设置"缩放"为"100,100%"，效果如图10-106所示。

图10-105   图10-106

03 将圆形图层复制一层，然后将"缩放"的起始关键帧移动到0:00:00:10的位置，末尾关键帧移动到0:00:00:20的位置，并修改"缩放"为"80,80%"，如图10-107所示。

图10-107

04 将复制的图层作为原有图层的"Alpha反转遮罩"，如图10-108所示。效果如图10-109所示。

图10-108   图10-109

05 将两个图层进行复制，然后移动剪辑起始位置到0:00:00:15处，如图10-110所示。

图10-110

06 移动复制图层的关键帧，并将原有两个图层在0:00:01:05后的剪辑进行剪切，如图10-111所示。动画效果如图10-112所示。

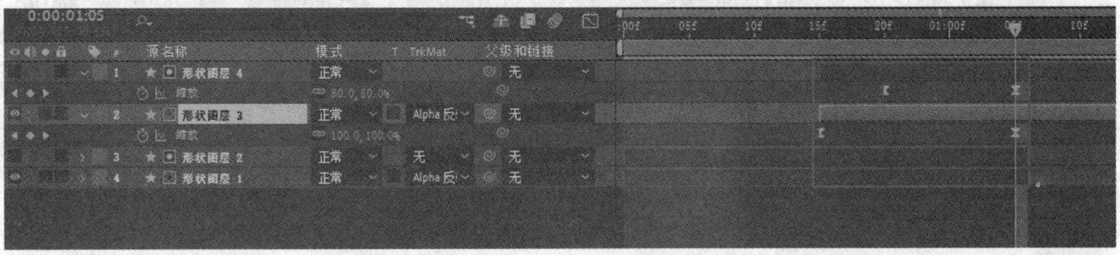

图10-111

图10-112

07 在0:00:01:15的位置，设置"形状图层3"的"缩放"为"130,130%"，"形状图层4"的"缩放"为"132,132%"，如图10-113所示。此时画面中的圆形会全部消失。

> **提示** 如果"形状图层4"的"缩放"数值与"形状图层3"相同，就会在画面中残留部分圆形，因此需要将该数值稍微设置得大一些。

图10-113

10.4.4 Logo合成

01 新建1920像素×1080像素的合成，命名为Logo，然后使用"横排文字工具" T 在画面中输入"航骋文化"，如图10-114所示。

航骋文化

图10-114

02 继续使用"横排文字工具" T 在下方输入"数字艺术类图书",如图10-115所示。

图10-115

03 在"航骋文化"图层上添加"线性擦除"效果,在剪辑的起始位置设置"过渡完成"为"50%",并添加关键帧,如图10-116所示。

提示 为了方便制作,暂时隐藏下方的白色小字。

图10-116

04 在0:00:01:00的位置设置"过渡完成"为"0%",如图10-117所示。

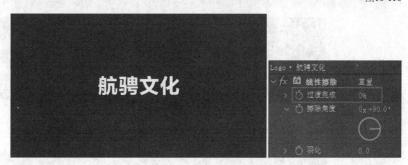

图10-117

05 将"线性擦除"效果复制一份,然后修改"擦除角度"为"0x - 90° ",如图10-118所示。动画效果如图10-119所示。

图10-118

图10-119

06 在"图表编辑器"中调整两个"过渡完成"关键帧的速度曲线,如图10-120所示。

图10-120

07 显示并选中"数字艺术类图书"图层,然后在0:00:00:15的位置添加"位置"和"不透明度"的关键帧,如图10-121所示。

图10-121

08 在剪辑的起始位置,将文字向下移动一小段距离,并设置"不透明度"为"0%",如图10-122所示。

图10-122

09 切换到"图表编辑器",调整"位置"和"不透明度"的速度曲线,如图10-123所示。

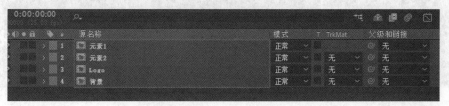

图10-123

10.4.5 总合成

01 新建1920像素×1080像素的合成,命名为"总合成",然后将其他4个合成添加到"总合成"中,如图10-124所示。

图10-124

02 调整上方3个元素图层的起始位置，使动画可以连接起来，如图10-125所示。

图10-125

> **提示** 起始位置的时间仅供参考，读者可在提供的参考的基础上进行发挥。

03 返回"元素1"合成，为图层随机添加"填充"效果，设置"颜色"为黄色，如图10-126所示。

图10-126

04 切换到"元素2"合成，为"形状图层1"添加"填充"效果，设置"颜色"为黄色，如图10-127所示。

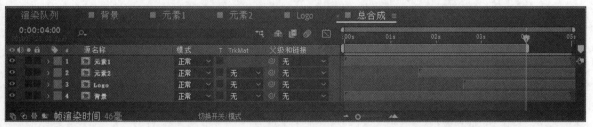

图10-127

05 返回"总合成"中，将"工作区结尾"移动到0:00:04:00的位置，如图10-128所示。

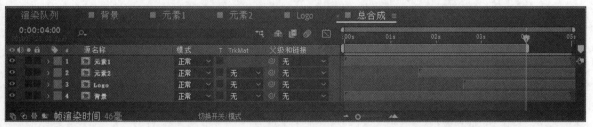

图10-128

06 在时间轴上截取4帧，案例的最终效果如图10-129所示。

图10-129

附录A 常用快捷键一览表

1.软件面板快捷键

操作	快捷键
项目面板	Ctrl+0
项目流程视图	F11
渲染队列面板	Ctrl+Alt+0
工具箱	Ctrl+1
信息面板	Ctrl+2
时间控制面板	Ctrl+3
音频面板	Ctrl+4
显示/隐藏所有面板	Tab
新建合成	Ctrl+N
关闭激活的面板	Ctrl+W

2.工具箱快捷键

操作	快捷键
选择工具	V
手型工具	H
缩放工具	Z
绕光标旋转工具	Shift+1
在光标下移动工具	Shift+2
向光标方向拖拉摄像机镜头工具	Shift+3
旋转工具	W
向后平移（锚点）工具	Y
矩形工具	Q
钢笔工具	G
横排文字工具	Ctrl+T
画笔工具	Ctrl+B
仿制图章工具	Ctrl+B
橡皮擦工具	Ctrl+B
Roto笔刷工具	Alt+W
人偶位置控点工具	Ctrl+P

3.项目面板快捷键

操作	快捷键
新项目	Ctrl+Alt+N
打开项目	Ctrl+O
关闭项目	Ctrl+Shift+W
上次打开的项目	Ctrl+Shift+Alt+P
关闭	Ctrl+W
保存	Ctrl+S
增量保存	Ctrl+Shift+Alt+S
另存为	Ctrl+Shift+S
导入文件	Ctrl+I
导入多个文件	Ctrl+Alt+I
替换素材文件	Ctrl+H
重新加载素材	Ctrl+Alt+L
项目设置	Ctrl+Shift+Alt+K
退出	Ctrl+Q

4.合成/素材面板快捷键

操作	快捷键
在打开的窗口中循环	Ctrl+Tab
显示/隐藏标题安全区域和动作安全区域	'
显示/隐藏网格	Ctrl+'
显示/隐藏对称网格	Alt+'
显示通道（RGBA）	Alt+1 Alt+2 Alt+3 Alt+4
带颜色显示通道（RGBA）	Alt+Shift+1 Alt+Shift+2 Alt+Shift+3 Alt+Shift+4
素材入点	I
素材出点	O
显示/隐藏参考线	Ctrl+;
显示/隐藏标尺	Ctrl+R
图像分辨率为完整	Ctrl+J
图像分辨率为二分之一	Ctrl+Shift+J
图像分辨率为四分之一	Ctrl+Shift+Alt+J
图像分辨率为自定义	Ctrl+Alt+J

5.合成/素材编辑快捷键

操作	快捷键
拷贝	Ctrl+C
复制	Ctrl+D
粘贴	Ctrl+V
撤销	Ctrl+Z
重做	Ctrl+Shift+Z
选择全部	Ctrl+A
素材、合成重命名	Enter

6."时间轴"面板快捷键

操作	快捷键
到工作区开始	Home
到工作区结尾	Shift+End
到前一可见关键帧	J
到后一可见关键帧	K
向前一帧	PageDown
向后一帧	PageUp
向前十帧	Shift+ PageDown
向后十帧	Shift+ PageUp
开始/停止播放	Space
RAM预览	0（小键盘）
间隔一帧RAM预览	Shift+0（小键盘）
保存RAM预览	Ctrl+0（小键盘）

7.图层操作快捷键

操作	快捷键
移动到顶层	Ctrl+Shift+]
向上移动一层	Shift+]
移动到底层	Ctrl+Shift+[

（续表）

操作	快捷键
向下移动一层	Shift+[
选择下一层	Ctrl+↓
选择上一层	Ctrl+↑
通过层编号选择层	0~9（小键盘）
取消所有层选择	Ctrl+Shift+A
锁定选择层	Ctrl+L
释放所有层锁定	Ctrl+Shift+L
分裂所选层	Ctrl+Shift+D
显示/隐藏层	Ctrl+Shift+Alt+V
隐藏其他层	Ctrl+Shift+V
在素材面板显示选择的层	Enter（数字键盘）
显示所选层的效果面板	F3
拉伸层适合合成窗口	Ctrl+Alt+F
反向播放层	Ctrl+Alt+R
设置入点	[
设置出点	]
剪切层入点	Alt+[
剪切层出点	Alt+]
创建新的纯色图层	Ctrl+Y
显示纯色图层设置	Ctrl+Shift+Y
新建预合成	Ctrl+Shift+C
新建文本图层	Ctrl+Shift+Alt+T
新建灯光图层	Ctrl+Shift+Alt+L
新建摄像机图层	Ctrl+Shift+Alt+C
新建空对象图层	Ctrl+Shift+Alt+Y
新建调整图层	Ctrl+Alt +Y
位置	P
旋转	R
缩放	S
不透明度	T
显示所有关键帧	U
显示表达式	EE

附录B After Effects操作小技巧

技巧1：在视图中使素材快速居中

将导入的素材移动到画面中心的较为快捷的方法有两种。

第1种：按快捷键Ctrl+Home。

第2种：在"对齐"面板中单击"水平对齐"和"垂直对齐"按钮，如图附录B-1所示。

图附录B-1

技巧2：素材快速适配画面

导入的素材未必完全符合创建合成的大小，这就需要将素材进行缩放。这里介绍3个快速适配的方法。

第1种：按快捷键Ctrl+Shift+Alt+H，按照"适合复合宽度"的方式进行缩放，如图附录B-2所示。

图附录B-2

第2种：按快捷键Ctrl+Shift+Alt+G，按照"适合复合高度"的方式进行缩放，如图附录B-3所示。

第3种：按快捷键Ctrl+Alt+F，按照"适合复合"的方式进行缩放，如图附录B-4所示。

图附录B-3

图附录B-4

技巧3：追踪蒙版

如果我们需要为一段影片的部分区域进行模糊处理，就可以利用追踪蒙版的方法来快速完成。下面介绍具体方法。

第1步：为需要模糊处理的位置添加蒙版，如图附录B-5所示。

第2步：在"蒙版1"上单击鼠标右键，选择"追踪蒙版"命令，如图附录B-6所示。

图附录B-5

图附录B-6

第3步：在"跟踪器"面板中单击"向前跟踪所有蒙版" ▶按钮就可以开始解析，解析完成后会在时间轴上显示关键帧，如图附录B-7所示。

图附录B-7

第4步：给蒙版所在的图层添加"快速方框模糊"效果，如图附录B-8所示。

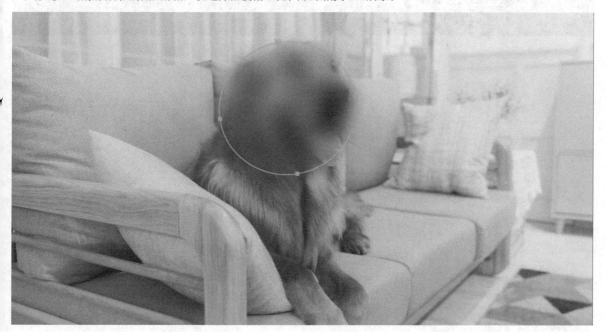

图附录B-8

技巧4：在时间轴中显示效果参数

"效果"面板上的一些参数添加了关键帧或表达式，在时间轴上查找它们时需要一层层地展开卷展栏，操作比较麻烦。下面介绍一个快速在时间轴上显示参数的方法。

在"效果"面板上选中需要显示的参数，单击鼠标右键，在弹出的菜单中选择"在时间轴中显示"命令，如图附录B-9所示。在下方的"时间轴"面板中就会显示该效果的参数，如图附录B-10所示。

图附录B-9　　　　　　　　　　　　　　　　　　图附录B-10

技巧5：将工作区的长度设置为选定图层的长度

当我们导入的素材比设置的合成要短时，可以将工作区的末尾设置为素材的末尾。按快捷键Ctrl+Alt+B，就可以让合成的"工作区域结尾"自动移动到素材图层的末尾，如图附录B-11所示。

图附录B-11